KINZAI バリュー叢書

クラウドと法

東京青山・青木・狛法律事務所
ベーカー&マッケンジー外国法事務弁護士事務所（外国法共同事業）
弁護士 近藤 浩
弁護士 松本 慶
［著］

一般社団法人金融財政事情研究会

■はじめに

「クラウドコンピューティング」に関する法的な問題点については従前より意識はしていましたし、実務でも関与していました。ただ、それだけでは本書の執筆にあたることはなかったでしょう。平成23年３月11日に起きた東日本大震災後に、クラウドのシステム構築の迅速性、アクセス集中時の高い処理能力という長所を活かし、大震災後の情報提供においてクラウドが重要な役割を果たした、ということ、また、クラウドの導入は電力消費の節減にも有効であることも知るに至り、クラウドに対する興味をますます強め、単に新手のビジネスとしてだけではなく、社会インフラの整備であり、しかも非常に有用なものである、という意識を持つに至りました。そのようなときに、偶然が重なり、クラウドの法的な問題点について一冊の本を書く、という話が来たため、渡りに船とばかりにすぐに飛び乗った、という次第です。

本書の目的は、大きく以下の３つです。

まず、クラウドに関しては、新しいビジネスであるということもあり、法的な論点もまだ未成熟なものが多いといわざるをえませんし、論点相互間の位置づけもむずかしいところであります。一方で、クラウドは、ビジネスそのもので日々使用されるものであり、かつクロスボーダーの性質を有しているため、その問題点は広い範囲の法律分野にまたがります。そこでまず、本書の目的その１は、法的な問題点の整理とその位置づけの明確化です。

もっとも、本書は単に法的な論点を淡々と整理するものではありません。なるべく新しい情報を入手し、各論点でも新しい切り口で論を進めているところ、野心的な解釈を試みているところもあると自負しています。このように、本書の目的その２は、クラウドという新しい技術・ビジネスについて、法律家として新しい論点に触れる、あるいは新たな問題提起をする、ということにもあります。

さらに、本書は、もちろん『クラウドと法』というタイトルであり、法的な問題点について主に検討するものです。しかしながら一方で、「読みやすさ」「取っつきやすさ」も追求しています。本論では、なるべくわかりやすく平易な表現を心がけました。また、クラウドとの関係が間接的であったりするものでも、最近話題になっている興味深いこと（ｅディスカバリやオープンソースソフトウェアなど）については、本論で積極的に取り上げ、さらにはコラムでは、本論からの脱線をお許しいただき、近時のニュースや筆者の興味の対象となっているところを書いてみました。このように、本書の目的その３は、読み物としてわかりやすくおもしろいものにして、多くの人に興味を持っていただくことです。

このような３つの目的が達成できているかどうかは、ひとえに読者の皆さんの感想によるのですが、二兎どころか三兎を追いましたので、このうち１つでも達成できていれば合格点と、筆者は甘く考えています。

このような目的のもと、本書は以下の章で構成されています。

まず、法的な議論をする前提として、第１章では、クラウドについての一般的な説明をしています。次に第２章では、第３章以降を読むにあたって少しでも具体的なイメージをつくるべく簡単にモデルケースをあげています。第３章から第９章までは法的な問題点について記載していますが、まずは第３章に最もリスクとしてあげられることが多い情報セキュリティをテーマに持ってきました。以降はつながりや流れを重視し、情報セキュリティと「情報」という点で親和性の高い個人情報保護法等を第４章とし、「取締役の責任」という点で共通するコーポレートガバナンスに関するものを第５章に持ってきました。次に、情報セキュリティと並んでクラウド導入に際しての障害となることも多いクラウドの国際性に関するものを第６章にし、準拠法・管轄の問題点の共通する知的財産権を第７章に持ってきました。第８章・第９章は特にクラウドのサービス事業者に関するもので、第８章はサービス利用契約について、第９章はクラウドのサービス事業者のリスクや責任について、それぞれまとめました。第10章と第11章では、法律の解釈論から少し離れ、この本を執筆するにあたっての動機にも関連して、「大震災とクラウド」「クラウドの推進へ向かって」というタイトルで書いてみました。

最後になりますが、編集をご担当いただいた金融財政事情研究会の田島正一郎氏にこの場を借りて感謝申し上げます。豊富なご経験に基づく的確なアドバイス、スムーズな進行、癒し系の物腰柔らかいご対応で、常に筆者のよき相談相手でした。

平成23年９月

近藤　浩

松本　慶

目　次

第1章
はじめに

第2章
クラウド導入のモデルケース

第3章
情報セキュリティ

第4章
個人情報保護法等

第5章
コーポレートガバナンスとの関係

第6章
クラウドの国際性と法

第7章
知的財産権

第8章
クラウドのサービス事業者との契約

第9章　クラウドのサービス事業者のリスクや責任

第10章
大震災とクラウド

第11章
クラウドの推進へ向かって

第1章 はじめに

1 クラウドとは何ですか

クラウドコンピューティングとは「共有化されたコンピュータリソース（サーバ、ストレージ、アプリケーション等）について、利用者の要求に応じて適宜・適切に配分し、ネットワークを通じて提供することを可能とする情報処理形態」のことをいいます。

「クラウドコンピューティング」という言葉になじみがない、という方は、この本の読者には少ないのではないかと思います。少なくとも新聞等の報道でご覧になったことがない、という方は非常に少ないでしょう。たとえば、日本経済新聞では（朝刊、夕刊含む）、平成23年1月1日から7月11日までの間に、「クラウド」という文字がタイトルに入っている記事が112件ありました。

そもそも「クラウドコンピューティング」とは、何でしょうか。

「クラウド」の語源は、Cloud、すなわち雲です。しかし、「雲コンピューティング」といわれても、まさに雲のように漠然とし、イメージが湧かない方もおられるかもしれません。実は、このあいまいなところ、こちら側からその向こう側がみえ

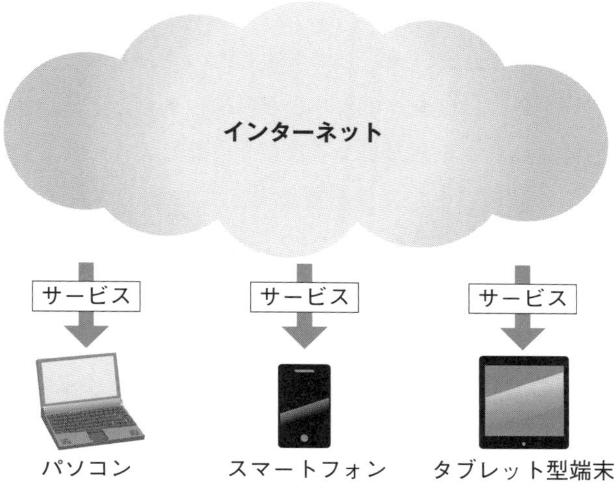

ない、というところも、クラウドの特徴の一つです。

クラウドコンピューティングをイメージすると、上の図のような感じでしょうか。

このように、インターネットという雲からサービスが降ってくる、というイメージです。もっとも、以下に説明しますが、ユーザーの要求に応じて降ってくるサービスですので、こちらが意図しなくても降ってくる雨とは違うイメージかもしれません。いずれにせよ、このCloudあるいは雲は、インターネットを意味している、と一般的には理解されています。ちなみに、このような意味で「Cloud」という言葉を使い始めたのは、Google, Inc.（本書では、グループ会社も含めて、「グーグル」と表記します）の元CEOであるエリック・シュミット（Eric

Schmidt）氏といわれています。

もちろん、これだけ普及してきましたので、それなりの少々堅苦しい定義づけはあります。まだ、統一された定義があるというわけではありませんが、それなりに受け入れられているのではないか、という定義はあります。ここで、（弁護士らしく）中身に入る前に「クラウドコンピューティング」の定義をしておこうと思います。

平成23年４月１日付で、経済産業省が、「クラウドサービス利用のための情報セキュリティマネジメントガイドライン」（経済産業省のウェブサイトで公開されています。http://www.meti.go.jp/press/2011/04/20110401001/20110401001.html）というガイドラインを公表しましたが（内容については、第３章で紹介します）、そのなかでは、「クラウドコンピューティング」を

共有化されたコンピュータリソース（サーバ、ストレージ、アプリケーション等）について、利用者の要求に応じて適宜・適切に配分し、ネットワークを通じて提供することを可能とする情報処理形態

と定義しています。

つまり、①サーバーなどのコンピュータリソースが共有化されていること、②利用者の要求に応じて適宜・適切に配分されること、③これがネットワークを通じて提供されること、がポイントです。

もっとも、このガイドラインでは、「これよりも広い定義が使われることもある」という注記があり、経済産業省が、平成

22年８月16日付で公表した「クラウドコンピューティングと日本の競争力に関する研究会報告書」（これも、経済産業省のウェブサイトで公開されています。http://www.meti.go.jp/press/20100816001/20100816001.html）における別の定義も紹介しています。ここでは、

クラウドコンピューティングとは、「ネットワークを通じて、情報処理サービスを、必要に応じて提供／利用する」形の情報処理の仕組み（アーキテクチャ）をいう

とされています。

また、このガイドラインでは、米国国立標準技術研究所（NIST）による以下の定義も紹介しています。

Cloud computing is a model for enabling convenient, on-demand network access to a shared pool of configurable computing resources (e.g., networks, servers, storage, applications, and services) that can be rapidly provisioned and released with minimal management effort or service provider interaction.

（参考訳）クラウドコンピューティングとは、コンフィグレーション可能なコンピュータリソース（ネットワーク、サーバー、ストレージ、アプリケーション、サービス等）の共有プールへの簡便でオンデマンドなネットワーク経由でのアクセスを、最小限の管理手順またはサービス提供者とのやりとりで迅速に供給することを可能にするモデルで

ある。

このように、定義にそれぞれ微妙に違いがありますが、少なくとも、利用者の要求に応じて（オンデマンドで）サービスが提供されること、これがネットワークを通じて提供されること、ということは共通しています。また、コンピュータリソースの共有は、「クラウドコンピューティングと日本の競争力に関する研究会報告書」では謳われてはいませんが、現実には、「情報処理サービスを、必要に応じて提供／利用する」ためには、コンピュータリソースの共有化が図られる必要があると思われます。したがって、「クラウドサービス利用のための情報セキュリティマネジメントガイドライン」の定義で、おおむね言い当てているのではないか、と考えます。そこで本書では、クラウドコンピューティングの定義をそのようなものと理解することとします。なお、本書では、このようなクラウドコンピューティングのことを、単に「クラウド」と表記します。また、クラウドで提供されるサービスを「クラウドサービス」、そのようなサービスを提供する事業者を「クラウドのサービス事業者」と表記します。そのようなサービスを利用するものを、文脈に応じて、「クラウドの利用者」あるいは「クラウドサービスを利用する事業者」などと表記します。

2 クラウドの歴史・背景

クラウドはここ10年くらいの間に普及してきました。

クラウドは、当然、インターネットが前提となっています。そのインターネットが1990年代以降急速に普及し、いまや私たちの仕事に、生活になくてはならない存在であることはいうまでもないでしょう。

一方、パソコンもそれに若干先行して普及していましたが、Windowsシリーズに代表されるように、通常使うアプリケーションを標準化してパソコンにインストールして使用する、というやり方で普及しました。

このような環境のなか、クラウドサービスをビジネスとして提供するフロンティアとなったのがSalesforce. com, inc.（以下、「セールスフォース」と表記します）です。セールスフォースは、1999年にカリフォルニア州サンフランシスコで設立され、業務用アプリケーションをインターネット経由で提供するビジネスをスタートさせました。

その後、2000年代前半から中盤にかけて、Amazon. com（以下、「アマゾン」と表記します）、グーグルといったIT業界の大手がクラウドサービスのビジネスをスタートさせ、さらには、

Windowsシリーズで世界を席巻したマイクロソフトまでがクラウドサービスを始めるに至っています。マイクロソフトがクラウドに注力している、というのは特別な意味があります。マイクロソフトは、ご存じのとおり、通常使うアプリケーションを標準化してパッケージソフトとして売る、といういわば従来型のビジネスをこれまで進めてきており、それにより業界の覇権を築きました。一方、クラウドは、そのようなやり方ではなく、必要に応じてソフトやサービスをオンラインで提供する、というものなのです。このようなやり方をマイクロソフトがやる、ということは、従来であれば考えられなかったことなのかもしれません。

現在では、IT系の有力企業のほか、NEC、富士通、日立製

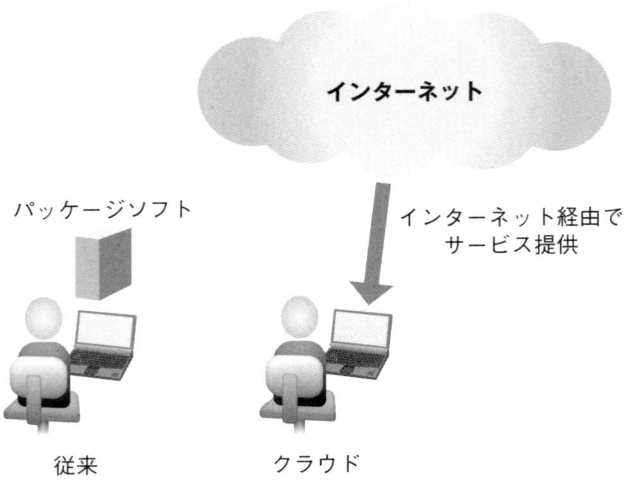

作所といった日本の電機メーカーも加え、さまざまな会社がクラウドビジネスを始めています。

以上の背景には、もちろん、通信の高速化、ネットワークにおける仮想化技術の向上などのクラウドを提供する環境が整ってきたことがあります。

3 クラウドにはどのような種類がありますか

クラウドには、サービスを提供するか、プラットホームを提供するか、インフラを提供するかで、SaaS、PaaS、IaaSの３種類があります。

パブリッククラウド、プライベートクラウド、という種類分けもあります。

それでは、クラウドにより提供されるサービスにはどのような種類があるでしょうか。ここでは、一般的な分類を簡単に紹介します。

(1) SaaS

SaaSは、「Software as a Service」の略で、ソフトウェアを、インターネットを通じて、サービスとして提供するものです。これは、皆さんにいちばんなじみがあるかもしれません。その代表格が、GmailやYahoo! Mailのいわゆるウェブメールでしょう。これは、皆さんお使いですね。従前からのメールソフトとの大きな違いは、自分のパソコンにソフトウェアをインストールするのではなく、ブラウザを通じて、メールソフトを使う、というところにあります。

もちろん、メールソフト以外にも、文書作成や表計算用のソフト、業務用の管理ソフトなどさまざまなソフトウェアが提供されていますし、フェイスブックなどのソーシャルネットワーキングサービスもSaaSの一種といえるでしょう。

(2) PaaS

PaaSは、「Platform as a Service」の略です。システムの土台であるプラットホームを、インターネット経由でサービスとして提供するのです。この土台の上で、ユーザーがソフトウェアを開発するのです。代表例としては、グーグルのGoogle App Engineや、セールスフォースのForce. comがあります。

(3) IaaS

IaaSは、「Infrastructure as a Service」の略です。サーバーのCPU、ストレージといったインフラをインターネット経由でサービスとして提供するのです。ここでは、代表例として、アマゾンのAmazon EC2とAmazon S3をあげておきます。

このように、クラウドにより提供されるサービスにも、いわばレベルの違いはあります。われわれのような個人ユーザーには、SaaSはなじみがあり、たとえば旅行中にパソコンを持ち歩かなくてもインターネットカフェでメールが簡単にチェックできたときは、「随分便利になったものだ」と思ったものです。また、パソコンを買い替えたりしても、データを移す必要がな

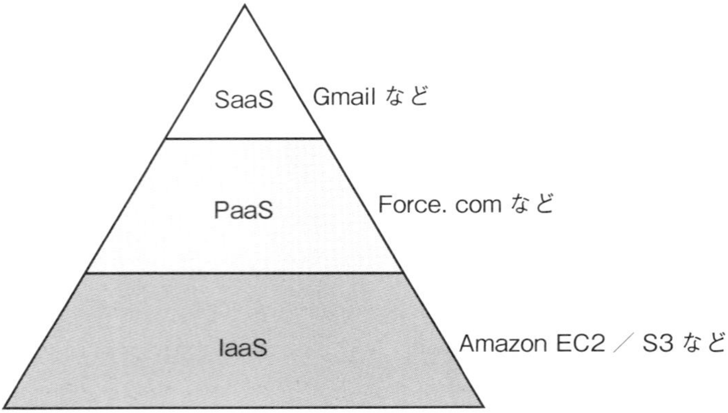

く、楽をした、という方も多いのではないでしょうか。一方、PaaSやIaaSは、あまり意識しないで使っていることのほうが多いかもしれません。

(4) パブリッククラウドとプライベートクラウド

SaaS、PaaS、IaaSというサービスによる分類のほか、パブリッククラウドとプライベートクラウドという分類もあります。この分類、あるいはパブリッククラウド、プライベートクラウドという用語についての画一的な定義はありませんが、「クラウド」と聞いて通常われわれが想定するのはパブリッククラウドです。一方、プライベートクラウドは、いわば自社専用のクラウドコンピューティングです。プライベートクラウドは、サーバーの仮想化の技術（物理的に１台のサーバーを複数のマシンのように使うことができるようにする技術）などパブリッククラウドで使われている技術を使って、サーバーの共有などを避ける、という点では情報セキュリティに配慮しつつも、費用の削減や効率化を図る（パブリッククラウドほどではないものの）、というものです。

4 クラウドのメリット・デメリット

クラウドのメリット：コストの削減と業務の効率化
クラウドのデメリット：情報セキュリティリスク、
リーガルリスク

(1) クラウドのメリット

クラウドのメリットは、端的にいえば、コストの削減と業務の効率化でしょう。

まず、クラウドでは、自前でサーバーなどを持たなくてよくなり、サービスも一般的には安価に設定されているため、コストの削減につながります。

たとえばビジネスを立ち上げる際、システムを作りこむのに時間がかかることも多いでしょう。しかし、クラウドであれば、すでに作りこまれているシステムに、簡単なインターネット上の操作で、安価で乗ることができます。

また、業務の効率化、という点でいうと、たとえば企業が急成長していくようなときには、サーバーの追加が簡単です。また、縮小するときも簡単です。さらに、時期的に必要な情報処理が短期間に限られるような場合（クリスマス商戦中のオンラインショッピングがいい例でしょう)、その時期だけサーバーを追加し、その時期が過ぎればこれを解約する、といったこともできます。これに対し、自前でサーバーなどを持つとなると、そうはいきません。このように、サーバーなどを自前で調達する、あるいはレンタルする場合に比べて、機動性・柔軟性に富みます。

平たくいえば、ビジネス上クラウドは、「早い、安い、便利」といえます。

(2) クラウドのデメリット

クラウドのデメリット、あるいはリスクとして、最もよくいわれているのが、いわゆる情報セキュリティリスクです。これについては、第3章で記載します。

また、カントリーリスク（ソブリンリスク）といわれるリスクもあります。これは、典型的には日本国外にデータセンターがある場合に、その国の法律が適用されてしまうことによるリスクで、たとえば米国の愛国者法に基づくデータの押収、といったものが例としてあげられます。この点については、第6章で説明します。

この2つがリスクとしていわれることが多いようですが、さらに、個人情報保護法上の問題点（第4章)、コーポレートガバナンス上の問題点（特に取締役の責任。第5章)、知的財産権に関する問題点（第7章）にも注意を払わなくてはいけません。

また、本書の第３章以降で記載するその他のリーガルリスクも、クラウドの無視できないデメリットあるいはリスク、ということになります。

したがって、本書は、「クラウドはこんなに便利だ！」「こんな使い方で社会が変わる！」といった類のことより、「クラウドのこんなところが危ない」「クラウドを導入する際はこんなことに気をつけましょう」といった類のことを書いている、ということになります。やや夢がない気もしてしまいますが、われわれの職業上仕方のないところなのです。もっとも、リスクを正確に把握し、評価できる環境を整えてこそ、クラウドの導入の促進、さらにはクラウド関係ビジネスの健全な発展もありますので、そのような視点で本書をお読みいただければと思います。

クラウドの導入をためらわせているのは、具体的なリスク、というよりは抽象的な危惧感かもしれません。「何だか実体がよくわからないから怖い」というものです。たとえば、データセンターの所在地や保存方法が開示されていない場合もクラウドでは少なくないのですが、「どうなっているかわからないから不安だ」という気持ちになるのは無理からぬところなのです。

このような危惧感は、場合によっては、会社内部でクラウドの導入を検討するときのネックになりえますし、導入後に情報セキュリティの問題が監査で指摘されるかもしれません。さらには、ビジネスのなかで、クラウドに抵抗感のあるクライアントや取引先もいらっしゃるかもしれません。私どもは法律事務所で働いています。クライアントの皆さんの秘密情報にも触れており、電子メールなどでも頂戴しています。たとえば、秘密情報を含むドキュメントをメールでお送りする際、アカウントがGmailやYahoo! Mailであった場合、人によっては抵抗を感じる方もいらっしゃると思われます。

5 最近の動き

> 政府もクラウドの普及に努めています。
> サービス事業者もクラウドをより利用しやすいものにしようとしています。

(1) クラウド市場の成長

IDCジャパンの調べによると、平成22年のクラウドコンピューティングサービスの国内市場規模は、454億円ということで、平成21年比で45.3％増とのことです（平成23年４月５日付、日経産業新聞３面)。「クラウドの国内市場」にどのようなサービスが含まれるのか、その外延は実はむずかしいところはあるかもしれませんが、いずれにせよ、大幅な増加傾向にあることは間違いないようです。この記事では、東日本大震災の影響は織り込まれていませんが、今後の成長も予想されており、平成27年には、市場規模が1947億円になる、とされています。さらに、平成23年６月29日付日経産業新聞５面では、東日本大震災を織り込んだ平成27年の市場規模の予測として、610億円上方修正し、2557億円としています。

(2)　政府も経済産業省を中心にクラウドの普及に努めています

最近の政府の動きとしては、以下のようなものがあります。

a　平成22年8月16日報告書

経済産業省は、平成22年８月16日付で、「クラウドコンピューティングと日本の競争力に関する研究会報告書」を公表しています。

この報告書では、クラウドを、「PC ／ Windows」「商用インターネット／ web」に次ぐ、情報通信技術の第三の変革と位置づけ、新しい市場の創出につながるものと考えており、経済成長のためのエンジンとして位置づけられています。また、エネルギー効率の改善、そしてCO_2の削減という観点からも、普及を進める、という方向性が導かれています。なお、電力消費量の節減効果については、いろいろな試算があり、また場合による、というところもあり、一概にクラウドを導入すれば何％削減できる、ということはいいづらいところですが、従来システムとの比較で、20 ～ 30％は節減できると一般的にはいわれているようですし、より大きい節減効果を見込める場合もあるようです。ITにかかる電力消費量が年々増えてきており、今後もその割合が高まることが予想されるなか、これは大変重要なことなのです。

そして、象徴的なのは、最終ページにイラストとともに、

「経済産業省はCloud Computingを応援しています !! 」

と ど真ん中に書かれているところです。このように、経済産業省は、積極的にクラウドを普及しようとしており、これは政府全体の姿勢であるといっていいでしょう。

b　平成23年4月1日付情報セキュリティマネジメントガイドライン

平成23年4月1日付の経済産業省の「クラウドサービス利用のための情報セキュリティマネジメントガイドライン」は、情報セキュリティのリスクの管理に関するものですが、情報セキュリティ対策の観点からガイドラインをまとめ、クラウドの安全・安心な利用を図り、クラウドの普及・拡大につなげる、という目的で公表されています。

このガイドラインについては、第3章で説明します。

c　ジャパン・クラウド・コンソーシアム（JCC）

JCC（http://www.japan-cloud.org/）は、企業、団体、業種の枠を超え、わが国におけるクラウドサービスの普及・発展を産学官が連携して推進するための民間団体で、平成22年12月22日に設立されました。JCCは、クラウドサービスの普及・発展に向けたさまざまな取組みについて、横断的な情報の共有、新たな課題の抽出、解決に向けた提言活動などを行うことを目的としています。

このように、JCCは、クラウドの普及のための民間団体ですが、総務省（情報通信国際戦略局情報通信政策課）および経済産業省（商務情報政策局処理振興課）は、本コンソーシアムのオブザーバとして活動を支援しています。

d　コンテナ型データセンター

ａの報告書では、コンテナ型データセンターとは、「ISO規格の輸送用コンテナの中に、サーバラック、電源・通信配線、空調設備、消火設備を組み込んだデータセンタである」と定義され、「従来型のデータセンタと比べて、少ない初期投資、短い構築期間、省スペース、高い空調効率、移動が可能といった特徴を持つ」とされています。従来型のデータセンターに比べて、飛躍的に電力消費が少ない、という特徴もあり、グーグルやマイクロソフトは大型のコンテナ型データセンターを持っています。ただ、このコンテナ型データセンターについては、建築基準法や消防法の規制が及ぶかどうかが、従来グレーでした。しかし、これでは、上記のようなメリットを有し、クラウドの促進に大きく貢献するであろうコンテナ型データセンターの建築が促進されません。また、そのような状況が続くと、海外のデータセンターを利用することが多くなることも考えられます。

そこで、コンテナ型データセンターの建築を促進するため、一定のコンテナ型データセンターに建築基準法や消防法の規制が及ばないことを確認する旨の通達や回答が出されました。この点は、第９章１(3)で詳しく説明します。

e　地方公共団体レベルでの推進の動き

地方公共団体レベルでも、クラウド活用の動きがあります。この点については、本章末尾の「コラム①　クラウドと地域」において、説明します。

また、地方公共団体レベルで、データセンターの建設を補助金の対象とするなど、クラウドを推進する動きがあります。

(3) クラウドのサービス事業者の動き

クラウドのサービス事業者は、当然、クラウドを普及しようとしているのですが、日本で普及をためらう事業者のことを考慮して、以下のような動きがあることは、注目に値します。

a データセンターの所在地

これまで、米国大手のクラウドのサービス事業者は、米国やシンガポール、香港などの国外に所在するデータセンターを使って日本へのサービスを提供していましたが、直近で、アマゾン、マイクロソフト、セールスフォースといった大手が、日本にデータセンターを開設することを決め、あるいはすでに開設しています。これによって、処理時間の短縮が見込まれるとともに、これまで国外にデータセンターが置かれることに不安を感じていたユーザーサイドの事業者が導入に踏み切るきっかけとなるかもしれません。

b 準 拠 法

また、クラウドのサービス事業者との契約において、日本法を準拠法とするケースが増えてきているようです。

このクラウドのサービス事業者との契約における準拠法の意味するところは第6章と第8章で説明しますが、日本法が準拠法となることは、日本の事業者にとって、日本法に基づきリスクを十分に分析するために非常に助けとなります。

c　多様な動き

以上は、主には、政府や既存の大手事業者（ほとんどはクラウドの事業を始める前から大手のIT企業でした）の動きですが、さらに多様な動きもあります。

クラウド、という場に新たなチャンスを見出して、これまでなかったようなサービスをさまざまな視点で提供しようとする中小企業もあります。たとえば、ソフトウェア開発の会社や物理的に倉庫を提供していた不動産関係の会社が、クラウド上でのソフトウェアを提供するサービスをする、あるいは、データセンターを建設したうえでクラウドのためのデータセンターとして提供するというビジネスを始める、という動きがあります。

また、クラウドを利用する業界も、多種多様となっています。特に、情報セキュリティの問題が大きいと思われる医療機関や地方銀行もクラウドの利用を始めているところは、注目に値します。

これらの動きとともに、さらに、業界内で役割の相互補完をするために、提携などの動きもあります。

(4)　ま と め

以上のことから、今後導入の動きが加速すると予想されます。さらに次のページ以降で説明しますが、東日本大震災を受けて、ますますこのような動きが加速していくものと考えられます。

6 東日本大震災を受けて

東日本大震災後、クラウドの有用性・価値が再認識されました。

未曾有の大震災による混乱のなか、クラウドの有用性・価値が再認識されました。

すなわち、クラウドのシステム構築の迅速性、アクセス集中時の高い処理能力という長所を活かし、大震災後の情報提供においてクラウドが重要な役割を果たし、また、クラウドの大手サービスプロバイダーより被災地や被災地支援団体に対して無償でサービスが提供される、ということもありました。

また、原子力発電所の再開などの状況によっては、いっそうの節電の努力が必要となるところ、前述のとおり、クラウドの導入は電力消費の節減にも有効です。さらに、停電などによる影響を防ぐため、データの遠隔地におけるバックアップの必要性を再認識させられました。データセンターの所在地は、現在、三大都市圏、特に首都圏に集中していますが、今後は、これらの地域以外にもデータセンターが開設され、バックアップのサービスもクラウドを通じて提供されるケースが増えていくと考えられますし、すでにそのような動きもあります。特に、

福島第一・第二原子力発電所の事故、各地の原子力発電所の停止の影響もあり、今後は、三大都市圏でない場所にデータセンターを移す、あるいはバックアップをとる、という動きが加速していくものと思われます。

以上のように、東日本大震災後、クラウドに関して、いろいろな動きがあるところです。この点については、本書の第10章でさらに詳しくみていくことにします。

COLUMN

コラム①

クラウドと地域

　昨今、「自治体クラウド」という言葉をよく目にすることがあります。これは、いったいどのようなことなのでしょうか。

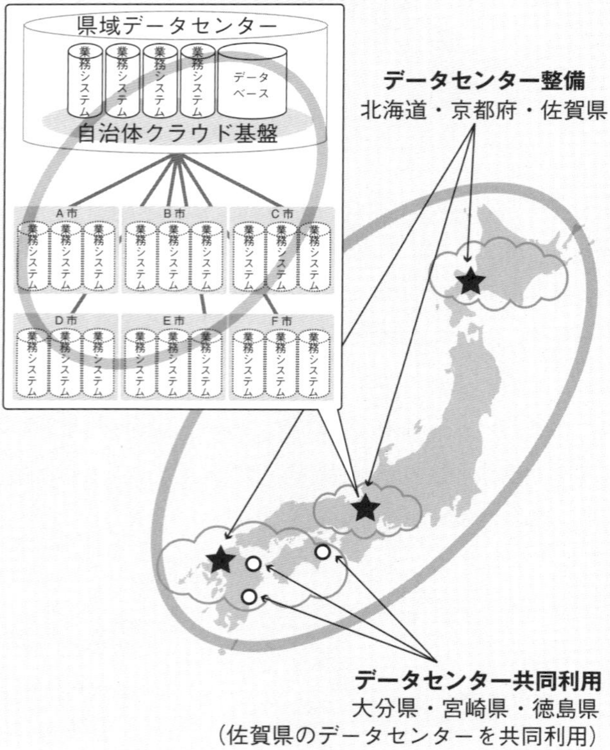

実は、この点については、総務省が音頭をとって進めており、「自治体クラウドポータルサイト」なるものもあります。ご興味をお持ちの方は、以下のウェブサイトをご覧ください。

http://www.soumu.go.jp/main_sosiki/jichi_gyousei/c-gyousei/lg-cloud/

このウェブサイトでは、自治体クラウドとは、「近年さまざまな分野で活用が進んでいるクラウドコンピューティングを電子自治体の基盤構築にも活用していこうとするもの」と定義されています。

現状では、全国3カ所のデータセンターに業務システムを集約し、システムの共同利用によって費用の節減を図る、データセンター間での相互のバックアップ体制の構築を進め、災害発生時にデータが消失しないようにする、ということが試みられているようです。もっとも、このような動きは、まだ緒についたばかり、といえるでしょう。

第2章 クラウド導入のモデルケース

本章では、第３章以下の法的な問題点の検討の前に、事業者がクラウドを導入する際、あるいは導入後の具体的な場面を想定しておきます。具体的な流れを確認したうえで、第３章以下の話題が、どの場面の問題なのか、まずは考えてみましょう。もちろん、個人もクラウドを利用することは可能ですが、ここでは事業者たる会社が導入する場面を想定します。

<チャート図>

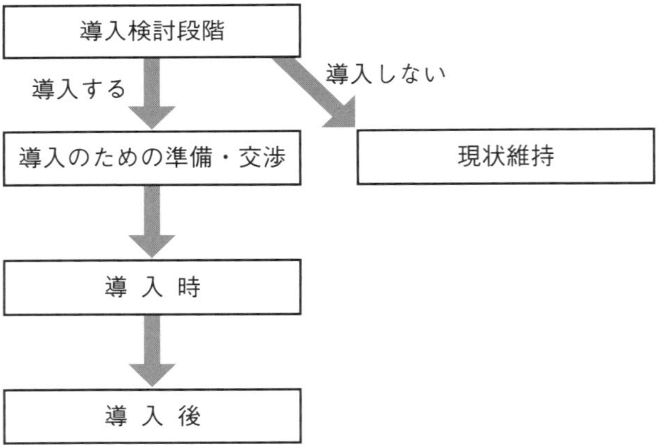

1　導入検討段階

まずは、メリット・デメリット、リスクなどの検討がなされます。

次に、社内の手続の確認やサービス事業者の選定が行われます。

まず、クラウドを導入するきっかけは、社内のシステム関係の部署の方や企画部の方の発案かもしれません。あるいは、サービス事業者側からの売込みがあるかもしれません。いずれにせよ、社内で導入を検討するとなれば、第1章4にあるようなメリット・デメリットを考慮しながら検討していくのでしょう。その際、情報セキュリティの問題やリーガルリスクの点も分析・評価していくことになります。その際は、システム上のリスクだけを検討するわけではありませんので、社内の法務部にご相談なさるでしょうし、さらにはわれわれ弁護士のところ

にご相談にいらっしゃることもあります。

その際は、特に、情報セキュリティの点（第３章）、個人情報保護法の点（第４章）、データセンターが海外にあるときは米国愛国者法などの海外におけるリスク（第６章）も検討する必要があるでしょう。知的財産権に関するもの（第７章）も、これらとあわせて検討すべきときもあるでしょう。また、意思決定の方法、情報開示に関して、この段階で、コーポレートガバナンス上の問題を検討すべきこととなります（第５章）。

次に、クラウドの導入を前向きに検討、ということになれば、どのサービス事業者を使うか、ということも検討するでしょう。それぞれのサービス事業者の提供するサービスに特徴がありますので、そのサービスに応じて、ということになる場合も多いかと思いますが、サービス事業者との契約も十分に検討したうえで、その選定をする必要があります（第８章）。

2 導入のための準備・交渉

必要な社内手続がなされます。
既存のシステム関係の整理が必要です。

導入検討段階において、少なくとも担当部署レベルでは導入をしよう、という意思決定がなされれば、今度は、必要な社内手続をなす、ということとなります。この点は、取締役会の決議が必要か、などの問題があります（第５章）。

また、これと並行して、サービス事業者との交渉が必要になります（第８章）。もちろん、使用するサービスの質、量、クラウドで保存されるデータの種類などによって、サービス事業者とどこまで交渉すべきか、というところは異なってきますし、場合によってはほとんど必要ないような場合もあるかと思いますが、第８章では、一応、一般的にポイントと考えられることをあげて説明いたします。

また、レンタルサーバーなど、既存のシステムにおいて、クラウド導入に際して不要となるものがあるかもしれません。その場合、既存のシステムにサービスを提供している事業者との契約を解約する必要があるかもしれませんので、これは、チェックしておく必要があります。場合によっては、それなりの期間を置いたうえでの事前の通知が必要なこともありますので、この点は、導入の準備と並行してチェックしておく必要があります。ただ、実際に解約通知を送るのは、クラウド導入が確実となった状況においてです。使えるシステムがない、という状況は絶対に避けなければなりません。

一方、クラウドの導入、というシステムの移行を控えて、そのための準備をしている段階でもあります。

3 導入時

移管作業が行われます。
チェックリストをつくるとよいでしょう。

クラウド導入時は、システムが移行されますので、保存データの移管など、システムのところでは、いろいろとやるべきことが多いでしょう。

一方、ここまでで十分準備ができていれば、法的な部分ではバタバタする必要はありません。ただ、既存のシステム関係の解約手続でやらなければならないことがあるかもしれません。このようなことも含めて、事前にチェックリストをつくっておくとよいでしょう。

4　導入後

運用・モニタリングの段階です。

乗換えについては、いろいろな障害があることも、現時点では予想されます。

導入後においては、運用やモニタリングをしていきますが、問題が起こったときは個別対応が必要となります。たとえば、データの漏えいが起こったとき、それへの対応が必要となりますし、外国でデータが保存されているデータセンターが差押えなどにあったときも、対応が必要となってきます。もちろん、そのような事態が起こることを想定して、常日頃から備えておく、ということは、危機管理として必要でしょう。

問題が起こったときは、取締役や監査役の責任も問題となりえます（第５章）。

ちなみに、導入後、違うサービス事業者に乗り換える、ということが、まだあまり事例としてはないと思われますが、将来的には問題となりえます。すなわち、クラウドサービスでは、事実上、いわゆるベンダーロックイン（そのサービス事業者以外に移行できなくなる状態）がある、ということは一般的にいわれているところです。一度クラウドで大量のデータの管理とアプリケーションの運用を始めると、なかなかそれを移管しづらくなる、あるいはサービスに互換性がない、というところにその理由があるようです。この点が今後どのように改善されていくかは不明ですが、将来的には、導入後の移管、といったところが問題とされる可能性がありますし、たとえば、クラウドのサービス事業者が経営破綻するなどの理由により、強制的にこのような問題に直面させられることだってあるのです。

このサービス事業者の変更の場合も、基本的には、新しく契約するサービス事業者との関係では、新規の導入時と同じようなことを検討すべきでしょう。一方、それまでのサービス事業者との関係では、支障なくデータ移管をしてもらうこと、移管後にデータが残されていないことを確認することなどが必要でしょう。

第3章 情報セキュリティ

情報セキュリティ上のリスク（あるいは不安）は、これまで、カントリーリスクと並んで、クラウド導入について二の足を踏む大きな理由としてあげられてきました。

情報セキュリティ上のリスク（あるいは不安）は、これまで、クラウド導入について二の足を踏む大きな理由としてあげられてきました。現場の感覚としては、第６章（特に「１　外国の公権力によるデータの取得、差止命令など」）で検討する、いわゆるカントリーリスクと並んで、この２つがクラウドの導入を踏みとどまる場合の大きな理由となっているように感じます。

第１章でクラウドとは何か、どのような特徴があるかなどについて検討し、第２章では、クラウド導入のモデルケースについてみましたので、かなり具体的なイメージが湧いてきたかと思います。そこで、本章では、クラウド導入に際して最も障害となると思われる情報セキュリティについて考えてみましょう。

なお、実際の情報セキュリティについての議論においては、技術的な部分、特に暗号化などの技術的な対策が重要な部分を占めると思われます。もっとも、筆者は技術者ではありませんので、この点についての詳細には触れません。あくまで「弁護士から見た」情報セキュリティについて、以下では述べていきます。もちろん、実際に、たとえばクラウドを導入するに際して情報セキュリティについて議論するときは、技術的な部分も重要なファクターである、という点は（いうまでもないことかもしれませんが）十分にご留意ください。

1 情報セキュリティ上、どのような問題がありますか

クラウドサービスについて情報セキュリティの問題を検討するにあたっては個別具体的な検討が必要ですが、少なくとも、クラウドを導入・利用すると必ず情報セキュリティ上の問題が大きくなる、というわけではないと思われます。

クラウドの利用を前提として情報セキュリティ対策を考える、という考え方が現実的になっていくと思われます。

(1) はじめに

情報セキュリティの問題は、情報の漏えいや消失が起こったときに問題となります。もちろん、これが発生した場合、事業者にとって大きなダメージとなることは、いうまでもありません。

この問題点を考える際に思い起こすのは、約10年前のことです。当時、もちろん、私生活ではインターネットや電子メールを使っていましたが、実は、われわれの業界では、各事務所でインターネット環境を整えていく過渡期でした。それまでは、電話とファックスで主に連絡していましたが（いまだに裁判所

や裁判の相手方代理人とのやりとりは主にファックスでやりますが)、それでも不便を感じる、というほどではなかったのかもしれません。ただ、インターネットと電子メールの便利さはみんなわかっていましたので、次第に導入の流れができてきたのです。もっとも、その際に一部で危惧されていたのは、情報セキュリティの問題です。外部とインターネット環境でつながることによって、情報セキュリティ上のリスクが飛躍的に増大するのではないか、ということです。たとえば、一時的に１台だけインターネットにつなぎ、インターネットと電子メールを使えるパソコンを用意し（ただし秘密情報は保存せず、かつ隔離し)、各自のパソコンはせいぜいイントラネットにつなぐだけ、というシステムをとっていた事務所もあったようです。

いまでは、情報セキュリティ上の問題があるからインターネットと電子メールは使わない、という選択肢はないでしょう。インターネットも電子メールもわれわれの業務に浸透しており、不可欠なツールとなりました。むしろ、これらを使うことを前提としたうえで、どのようにセキュリティを確保するのか、という問題になっているのです。

やや話が脱線しましたが、以下の(2)では、クラウドの情報セキュリティについて検討してみます。

(2) クラウドの情報セキュリティ

まず、情報セキュリティ上いちばん安全と考えられるのは、完全にネットワーク環境から遮断することです。あるいは、電子データとして保存しない、というのがいちばん安全でしょうか。したがって、極秘中の極秘、という情報については、ネットワーク環境から完全に遮断したパソコンに保管したり、あるいは紙ベースで保管し、かつ保管している金庫などに鍵をかける、ということがよいかと思われます。

これに対して、インターネット環境にあるのであれば、クラウドサービスの利用であっても、通常のインターネットの利用であっても、上記の例とは異なり、ウイルス感染やハッキングなどのリスクは、同様にあることとなります。したがって、インターネットを利用する以上は、クラウドを利用しようがしまいが情報セキュリティの問題があり、これはクラウド特有の問題ではない、とする意見もあります。

次に、クラウドのサービス事業者は、IT業界の大手で、技術力も高いと考えられます。そこで、むしろクラウドのサービス事業者に任せたほうが、情報セキュリティ上もメリットがある、とする意見もあります。

いずれにせよ、クラウドの導入に際して情報セキュリティについて悩むのであれば、ここは、現在使っているシステムと導入しようとしているクラウドのサービス、あるいは導入しようとしている複数のクラウドのサービス同士の具体的な比較、ということになるでしょう。したがって、一概にはいえませんが、少なくとも、クラウドを導入・利用すると必ず情報セキュリティ上の問題が大きくなる、というわけではないといえるのではないでしょうか。

ここで、個人的に説得力があるな、と思うのは、情報流出などの情報セキュリティ上の問題は、システム自体の問題からではなく、むしろ人為的なこと（データの盗出しやメールの誤送信などのミス）により発生することが多い、ということです。これからすると、情報セキュリティ対策として、もちろんクラウドサービスの内容の検討はしなくてはなりませんが、社内での教育や管理体制の整備がより有効な情報セキュリティ対策になる、とさえいえると思われます。

(3) まとめ

先ほどの(1)の話に少し戻ってみます。インターネットや電子メールも、10年前は情報セキュリティの問題があると考えられていました。情報セキュリティの問題が完全になくなったわけではありませんが、だからといって、事業者には使わないという選択肢はありません。クラウドについても、10年後（あるいはもっと近い将来）同じことがいえるかもしれません。すなわち、不可欠なビジネス上のツール、あるいは社会のインフラの一部となり、それがあることを前提に、情報セキュリティを考えていく、という姿勢になるのです。

2 経済産業省のガイドライン

経済産業省が、安心・安全な利用環境を整え、クラウドの利用促進を図る、という目的でガイドラインを公表しました。そこでは、クラウドの利用に関して、情報セキュリティのための管理策が、多項目にわたって記載されています。

(1) 経済産業省のガイドラインの公表

情報セキュリティの問題が、クラウドの導入を検討している事業者を踏みとどまらせている大きな要因であることは前述のとおりです。そこで、クラウドの普及に積極的な経済産業省は、平成23年4月1日付で、「クラウドサービス利用のための情報セキュリティマネジメントガイドライン」を公表しました(以下、「情報セキュリティガイドライン」といいます)。この詳細な内容については、経済産業省のウェブサイトで公開されていますので、以下をご参照ください。

http://www.meti.go.jp/press/2011/04/20110401001/20110401001.html

情報セキュリティガイドラインの目的は、安心・安全な利用環境を整え、クラウドの利用促進を図る、というものです。そして、情報セキュリティガイドラインでは、クラウドサービス利用における情報セキュリティについて、内部組織、人的資源のセキュリティ、物理的および環境的セキュリティなど広範囲にわたって、クラウドの利用者およびクラウドのサービス事業者双方の望ましい運用や検討事項を説明しています。以下、少し内容をみてみましょう。

(2) 経済産業省のガイドラインの内容

情報セキュリティに関して、以下の項目があげられています。

a クラウドサービス利用における情報セキュリティガバナンスおよび情報セキュリティマネジメント

クラウドの導入・利用に伴って、一部情報セキュリティに関することがクラウドのサービス事業者側の管理に移る、という状況になります（いわばリスク状況の変化です)。かかる状況を自社の組織内において、あるいはクラウドのサービス事業者との関係のなかで、どのように管理していくか、ということが記載されています。

b セキュリティ基本方針

クラウドを導入・利用する事業者およびクラウドのサービス事業者双方において、情報セキュリティ基本方針を明示することが望ましいことなどが記載されています。

c　情報セキュリティのための組織

ここでは、クラウドを導入・利用する事業者の内部組織での経営陣の責任のあり方、責任の明確化、内部での承認手続のあり方などについて記載されています。また、顧客など外部組織との関係における情報セキュリティ確保のための施策についても触れられています。

d　資産の管理

クラウドを利用する事業者は、クラウド上に保存したデータやプログラムも、「資産」として管理することが必要であること、情報の重要度や取扱いに慎重を要する度合いに応じた分類、ラベル付けすることが必要であることなどが記載されています。

e　人的資源のセキュリティ

ここでは、従業員については、雇用の際の管理策（セキュリティの役割・責任についての文書化など）、雇用期間中の管理策（教育・訓練など）および退職時の管理策（アクセス権の削除）について、具体的に望まれる施策などが記載されています。

f　物理的および環境的セキュリティ

ここでは、クラウドのサービス事業者が、情報セキュリティのためにとるべき物理的・環境的側面における施策が記載されています。

g　通信および運用管理

ここは、日々の業務に直結し、情報セキュリティを確保していくうえで中心となる部分ですので、かなり頁数も割かれ、かつ多項目にわたって書かれています。具体的には、バックアップについて、ネットワークセキュリティについて、あるいはシステムの監視について、クラウドを利用する事業者とクラウドのサービス事業者の双方において望まれる施策などが記載されています。

h　アクセス制御

ここは、情報セキュリティリスクに対する、いわば防波堤となる部分で、「g　通信および運用管理」と並んで、情報セキュリティを確保していくうえで中心となる部分ですので、かなり頁数も割かれています。具体的には、アクセス制御方針の作成、利用者IDの登録・削除などの利用者の管理、パスワード設定等の利用者の責任、ネットワークのアクセス制御、モバイル端末を用いる場合の施策などについて、記載されています。

i　情報システムの取得、開発および保守

ここも、「g　通信および運用管理」「h　アクセス制御」と並んで、情報セキュリティを確保していくうえで中心となる部分です。具体的には、セキュリティ要求事項の分析および仕様化、暗号による管理策、開発およびサポートプロセスにおけるセキュリティ、技術的脆弱性管理などについて、記載されています。ここでは、クラウドのサービス事業者に情報が偏る、という傾向がありますので、クラウドのサービス事業者側で暗号化などについてどのような対策がとられているのか、という点について、クラウドを利用する事業者としては、まず情報を得たうえで、管理策等を講じていく、ということになるかと思わ

れます。

j　情報セキュリティインシデントの管理

情報セキュリティに関する事故などが発生した場合の報告などの手順についての望ましい管理策が記載されています。

k　事業継続管理

ここでは、事業継続管理における情報セキュリティの側面が記載されており、災害に関することも記載されています。

l　順　守

ここでは、第３章以下において検討している法令の順守の話のほか、組織セキュリティ方針の順守、あるいは情報システムの監査に関することなどが記載されています。

以上は、大きな項目と内容をかいつまんでの簡単な説明です。情報セキュリティガイドラインでは、クラウド利用者とクラウドのサービス事業者の双方の望ましい管理策などについて多項目にわたって書かれており、特にクラウドの導入を検討するに際し、チェックリスト的な機能を果たしうると考えられ、一見の価値ありと考えます。

3 事故があったら、クラウドのサービス事業者にどのような責任が発生しますか

ここでは、情報セキュリティ事故の際のクラウドのサービス事業者の責任について考えてみます。

情報の漏えいや消失といった情報セキュリティ上の問題が実際に起きてしまった場合、法的にはどのような責任が発生するのでしょうか。

ここでは、クラウドのサービス事業者の責任を考えてみます。クラウドを利用する事業者の責任については、次節4で考えます。

(1) レンタルサーバーの事業者についての判例

筆者が検索した限りでは、クラウドのサービス事業者の情報の漏えいや消失に関する判例にはあたれませんでした。一方、情報の消失が起こった場合におけるレンタルサーバーの事業者の責任が追及された判例はありました。参考になると考えられますので、以下、2つの判例を紹介します。

a　平成13年９月28日東京地裁判決（平成12年（ワ）第18468号、平成12年（ワ）第18753号）

(a)　事案の内容

この判例は、ログハウスの建築請負を主な業務とする原告（18468号の原告。18753号では被告）とインターネットプロバイダーである被告（18468号の被告。18753号では原告）との間における事件ですが、以下のような事実がありました。

①　原告・被告間で、回線接続サービス契約およびレンタルサーバー契約を締結しました。

②　原告は、レンタルサーバー上に広告宣伝用の自社ウェブサイトを作成し、営業目的で使用していました。

③　問題となったウェブサイトのファイルの入っていた原告のパソコンが故障し、原告の側でデータが消失しました。原告は、これについて、被告のサーバーから転送して電子データをとるなどの対応をしていませんでした。

④　被告の側でファイルを他のディレクトリに移し替える作業中に、問題となったファイルが消失しました。

⑤　こうして、原告からも被告からも問題となったファイルの電子データが消失しました。

このような事実のもと、原告は、被告に対して、保管の注意義務を果たさなかったとして、債務不履行に基づく損害賠償請求を行ったのです。

(b)　裁判所の判断

裁判所の判断のポイントは、以下の３点です。

まず、裁判所は、(i) 原告に対する被告の注意義務を認めました。裁判所は、

「一般に、物の保管を依頼された者は、その依頼者に対し、保管対象物に関する注意義務として、それを損壊又は消滅させないように注意すべき義務を負う。この理は、保管の対象が有体物ではなく電子情報から成るファイルである場合であっても、特段の事情のない限り、異ならない」

としています。物の保管を委託する場合は、受託者は、委託者に対して、適切に保管する義務を負いますが、電子データでもそれは異ならない、としたのです。

次に、裁判所は、(ii) 原告にも過失があったとして過失相殺をし、過失割合を1：1としました。これにより、認定された損害額を原告と被告で半分ずつ負担することとなります。過失相殺（民法418条、722条2項）は、裁判実務上、当事者の損害の衡平な分担のため、しばしば出てきます。ここでは、原告が、前記(a)③に記載したように、データの消失の一部責任を負っています。そこで、その割合を認定したうえで、損害の負担を一部原告にも負わせたのです。

さらに、裁判所は、(iii) 原告・被告間の約款上の免責規定を限定的に解釈し、被告の免責を認めませんでした。ここで、まずは、どのような約款上の規定になっていたか、みてみましょう。

34条　当社は、契約者がEインターネットサービスの利用に関して損害を被った場合でも、第30条（利用不能の場

合における料金の精算）の規定によるほか、何ら責任を負いません。

この30条は、以下の規定です。

30条　当社は、Eインターネットサービスを提供すべき場合において、当社の責に帰すべき事由により、その利用が全く出来ない状態が生じ、かつそのことを当社が知った時刻から起算して、連続して12時間以上Eインターネットサービスが利用できなかったときは、契約者の請求に基づき、当社は、その利用が全く出来ない状態を当社が知った時刻から、そのEインターネットサービスの利用が再び可能になったことを当社が確認した時刻までの時間数を12で除した数（小数点以下の端数は切り捨てます）に基本料の月額の60分の１を乗じて得た額を基本料月額から差引ます。ただし、契約者は、当該請求をなし得ることとなった日から３ケ月以内に当該請求をしなかったときは、その権利を失うものとします。

34条を形式的に読むと、被告の責任の範囲は30条に限られ、30条以外の場合は「当社」、すなわち被告は責任を負わないかのようであり、被告は当然そのように主張しました。しかしながら、裁判所は、以下のように30条を限定的に解釈し、ひいては34条も限定的に解釈し、被告の免責を認めませんでした。

「本件約款34条は、契約者が被告のインターネットサービスの利用に関して損害を被った場合でも、被告は、本件約款30条の規定によるほかは責任を負わないことを定めているが、その本件約款30条は、契約者が被告から提供されるべきインターネットサービスを一定の時間連続して利用できない状態が生じた場合に、算出式に基づいて算出された金額を基本料月額から控除することを定めているにすぎない。

これらの規定の文理に照らせば、本件約款30条は、通信障害等によりインターネットサービスの利用が一定期間連続して利用不能となったケースを想定して免責を規定したものと解すべきであり、本件約款34条による免責はそのような場合に限定されると解するのが相当である。

実質的にも、被告の積極的な行為により顧客が作成し開設したホームページを永久に失い損害が発生したような場合についてまで広く免責を認めることは、損害賠償法を支配する被害者救済や衡平の理念に著しく反する結果を招来しかねず、約款解釈としての妥当性を欠くことは明らかである。」

裁判所は、約款を形式的に解釈し、広く免責を認めることを衡平に反すると判断し、30条、さらには34条の適用範囲を「通信障害等によりインターネットサービスの利用が一定期間連続して利用不能となったケース」に限定したのです。

以上のように、この平成13年判決では、レンタルサーバー業者の直接の契約相手に対する注意義務とその違反が認められ、かつ、約款上の免責も否定されました。もっとも、利用者サイドにもバックアップをとっていなかったなどの落ち度があったため、過失相殺がなされ、結論としては「痛み分け」になっています。

b　平成21年５月20日東京地裁判決（判例タイムズ1308号260頁）

平成13年判決と比べて、こちらの判例は、ややトリッキーです。

(a)　事案の内容

まず、事案をみてみましょう。

①　被告は、訴外N社との間で、共用サーバーホスティングサービス契約を締結していました。

②　原告らのうち、原告１が、訴外Ｎ社に対して、「サプリメントプラザ」と称するウェブサイト上のプログラムの作成および管理を依頼し、訴外Ｎ社は、これを被告管理のサーバー上で行いました。なお、その他の原告４社は、原告１の代理店です。

③　こうして原告１のウェブサイトが立ち上がり、原告らは、そこでマーケティングなどの活動をしていました。

④　被告管理のサーバーのハードディスクに故障が発生し、原告のウェブサイトのデータが消失し、使えなくなりました。

そこで、原告は損害賠償を求めたのですが、直接の契約当事者である訴外Ｎ社に対してではなく、直接の契約当事者ではない、レンタルサーバー業者である被告に対して不法行為に基づ

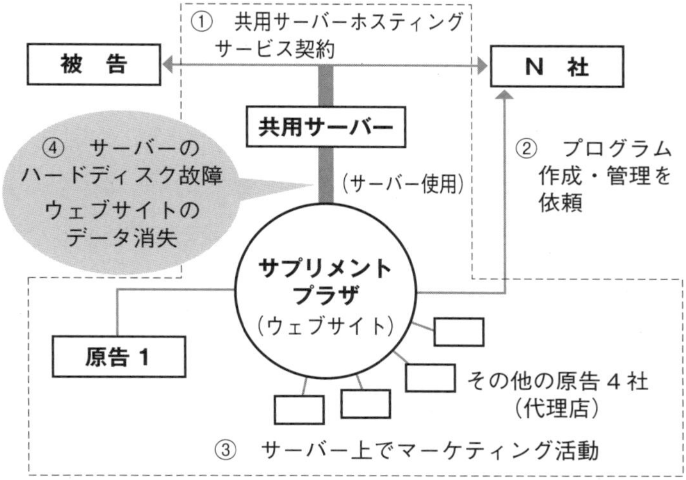

く損害賠償請求をしたのです。ここでは、いろいろな憶測ができますが、原告ら・訴外N社との間では、約款上免責規定があったことが影響を及ぼしたのかもしれませんし、被告が大会社であるため、そちらに請求したほうが、回収のことまで考えると得策であると考えたのかもしれません。

(b) 裁判所の判断

結論からいいますと、本件では、被告の原告に対する「記録の消失防止義務」「損害拡大防止義務」および「残存記録確認・回収義務」が否定され、原告の請求は認められませんでした。かかる裁判所の判断のポイントは、以下の２点です。

まず、非常に基本的なポイントですが、本件では、原告・被告間に契約関係がありません。したがって、平成13年判決と異なり、契約関係に基づいて保管義務を認める、ということができません。被告がレンタルサーバー業者だからといって、それだけで第三者に対して保管義務を負う、ということはないのです。

次に、本件では、裁判所は、原告と被告双方の事情をふまえ、利益状況に照らして、被告の義務を否定しています。その際、重視されているのは、以下の諸点と考えられます。

① 被告は、訴外N社との間で利用契約を締結しており、そこでは免責規定が存在しています。被告は、訴外N社がさらに利用契約を締結する際、同様の免責規定を定めることを義務づけており、被告は、免責規定の効果が及ぶことを前提にサービスの提供をしています。

② 免責規定を含む利用規約は、ウェブサイトで公開され、かつ他のレンタルサーバー業者の利用規約とほぼ同じ内容で、原告もこれを知っていたと推認できます。

③ したがって、被告は、原告に対して免責を超える責任を負うものではありません。

④ このような免責規定を前提として、料金その他の利用条件が決まり、それを前提として原告はサービスの提供を受けており、原告は、免責規定により訴外N社の責任を追及することができません。

⑤ さらに、原告らとしては、容易にバックアップをとることができたはずですし、データをバックアップする有料のオプションサービスもありましたが、原告は、これらの措置をと

りませんでした。

このようにして、本件では、被告の記録の消失防止義務等の義務が認められず、原告の請求が棄却されています。

c　平成13年判決と平成21年判決の判例の比較

ここで、クラウドまで思考を進める前に、上記２つの判例を比較してみましょう。

あらためていうまでもないかもしれませんが、まず、平成13年判決では、原告・被告間でレンタルサーバー契約があり、その契約上の義務を被告が負い、かつそれに違反した、ということになりました。一方、平成21年判決では、原告・被告間では直接の契約関係がなく、そのため、被告の原告に対する「契約上の義務」が認められていません。

次に、免責規定についてです。いずれの判例においても、レンタルサーバーの業者側が、その利用規約に免責規定を入れていました。これについて、平成13年判決においては、かなり限定的な解釈がとられ、結局、免責は認められませんでした。一方、直接その効力が争われたわけではないのですが、平成21年判決では、免責規定が有効であることを前提としているように読めます。したがって、両判決では、免責規定のとらえ方が違うと思われます。

(2)　クラウドについてはどのように考えられるでしょうか

まず、断わっておかなければならないのは、一口にクラウドといっても、サービスにはいろいろなものがあり、その事例ごとに検討する必要がある、ということです。また、参考になる判例があるといっても、下級審レベルの判決が２つあるのみで、まだこれから実務が動いていくことが多いと予想されます。したがって、まだ不明確なことが多いところだと思われます。

以上を前提に、上記の２つの判例に照らして、「情報セキュリティに問題が起きてしまった場合、クラウドのサービス事業者に法的にはどのような責任が発生するか」について考えてみましょう。

a　クラウドのサービス事業者と直接の契約関係にあるクラウドサービスの利用者間について

まず、クラウドのサービス事業者と直接の契約関係にあるクラウドサービスの利用者間について考えてみましょう。この場合、ストレージサービスに典型的ですが、その他のサービスでも、クラウドサービスの利用者は、クラウドのサービス事業者に対して、電子データの保管を寄託していると考えられます。そうすると、平成13年判決からすれば、クラウドのサービス利用者に対して、クラウドのサービス事業者は、電子データの保管義務を負うこととなります。

次に、免責規定ですが、平成13年判決では限定的に解された一方、平成21年判決では、免責規定が有効であることを前提としたかのような判断をしています。この点については、クラウドの利用契約でもこのような免責規定は通常入っていると考えられます。その規定の効力がない、ということになると、クラウドのサービス事業者側にとっては大きな問題ですが、判例などにおいて、まだ明確な基準が示されたわけではありません。この点は、今後注意深く見守っていく必要がありますが、免責規定の具体的な内容や料金との関係での経済的な合理性が重要なポイントと考えられるでしょう。

b　直接契約関係にない相手方に対して

実は、クラウドでは、このようなことになるケースも結構あるのではないか、と思っています。といいますのも、クラウドのサービスは、SaaSが、PaaSやIaaSの上に乗っかっていることもありえます。このとき、契約の直接の当事者がSaaSを提供する事業者であっても、PaaSやIaaSを提供している事業者のプラットホームやインフラを使っている可能性はあるのです。そのとき、何らかの原因により情報消失などがあった場合、SaaSを提供する事業者を飛び越え、PaaSやIaaSを提供している事業者を訴えられるか、ということが将来的には問題となりえます。

平成21年判決に照らせば、直接契約関係にない場合は、なかなか保管義務の根拠を見出せないと思われます。したがって、直接契約関係にない相手方に対しては、クラウドのサービス事業者は責任を負わない可能性が高いのではないでしょうか。

もっとも、クラウドのサービス事業者の意図的な行為による場合や、クラウドのサービス事業者に重過失があるような場合は、この限りではないかもしれません。

c　上記以外の第三者からの訴えはありうるでしょうか

情報消失ではなく、情報漏えいのケースであれば、たとえば、プライバシー侵害を理由に、個人から訴訟が提起される、といった場面も考えられます。たとえば、クラウドのサービス事業者が、クラウドのサービス利用者から従業員や顧客の情報管理を委託されていたとして、その情報が流出した場合、クラウドのサービス利用者たる事業者ではなく、従業員や顧客からこのような訴えがなされる可能性があるのです。

この点については、かなり応用編になると思いますし、直接このことを判断したような判例は、少なくとも筆者の知る限りではありませんが、契約関係にない者からの訴えですので、不法行為の問題ととらえられます。そのような意味では、上記(1)bの平成21年判決と同じですが、しかし、従業員や顧客については、平成21年判決における原告1らと異なり、積極的にサービスを利用しようとしたのではなく、自らの雇用者や取引先が、自らの意図しないところでクラウドを利用した、という可能性が高いでしょう。とすると、「免責規定を十分に認識して」などということはいえない状況に通常はあるでしょう。

したがって、情報の流出があった場合は、このような第三者に対しては、免責規定などとは関係なく、過失があれば、クラウドのサービス事業者は、当該情報の対象となる従業員や顧客に対して不法行為に基づく損害賠償責任を負う可能性があると考えておいたほうがよいでしょう。

4 事故があったら、クラウドサービスを利用する事業者にはどのような責任が発生しますか

プライバシー権侵害が問題となった事例で、ウェブサイトの制作・保守を委託していた業者の過失により情報漏えいがあった場合、サービスを利用する事業者の使用者責任を認めた判例があり、クラウドでも参考になります。

(1) 情報漏えいとプライバシー権侵害

情報漏えいがあった場合、プライバシー権侵害を理由に、個人から訴訟が提起される、といった場面も考えられます。たとえば、クラウドのサービス事業者が、クラウドのサービス利用者から従業員や顧客の情報管理を委託されていたとして、その情報が流出した場合、本章3(2)cで説明したように、クラウドのサービス事業者が、個人である従業員や顧客から不法行為で訴えられる可能性はあります。これに加えて、この従業員や顧客からすると、直接の雇用者、あるいは取引先であるクラウドサービスの利用者を訴えよう、という気になってもまったく不思議はありません。あるいは、クラウドのサービス事業者とともに訴えられる、という可能性もあります。さらには、そもそもクラウドを利用していることすら知らなかったので、まずは

直接の雇用者、あるいは取引先であるクラウドサービスの利用者を訴えた、ということすら考えられます。

この点についても、クラウドに関する判例は筆者の知る限りではまだありませんが、今後、いろいろと問題になる場面が考えられます。たとえば、クラウドのサービス事業者の過失による場合とクラウドサービスを利用する側に過失がある場合で分けられるでしょうし、どのような情報が漏えいしたか、によってもいろいろな場面が考えられます（典型的なのは、個人情報が漏えいし、プライバシー権の侵害が問題となる場面でしょう）。

a　平成19年８月28日東京高裁判決（判例タイムズ1264号299頁）

ここで、クラウドの事例ではありませんが、一つ参考となる判例を紹介します。

(a)　事　　案

本件では、Ｙ社（被告、控訴人）はエステティックサロンを経営する会社で、Ｘら（原告ら、被控訴人ら）は無料体験に応じた個人（潜在的顧客とでもいうべきでしょうか）です。本件の推移は、以下のとおりです。

①　Ｙ社は、訴外Ｚ社との間でサーバーのレンタル契約をしたうえで、自社のウェブサイトの制作と保守をＺ社に委託しました。

②　Ｘらが、被告のウェブサイト上の無料体験の募集に応じ、個人情報を入力しました。

③　Ｙ社のウェブサイトへのアクセスが増えたことから、Ｚ社

は、本件ウェブサイトを被告の承諾のもと、専用サーバーへと移設しました。

④　移設に際し、Ｚ社はアクセス権限の設定をせず、一般のインターネット利用者が原告らの個人情報へアクセスできる状態になりました。

⑤　Ｘらの個人情報が流出し、電子掲示板に内容が掲載されたり、迷惑メールが来るようになりました。

(b)　裁判所の判断

この裁判における法律構成は、なかなかおもしろいといえます。本件では、直接の原因をつくったのはＺ社で、Ｚ社に対して不法行為に基づく損害賠償請求をしてもよいところです。一方、被告は、Ｚ社にウェブサイトの保守を委託していた、ということですので、直接の原因はつくっていません。しかし、本件では、原告らは、被告がＺ社を使用しており、そのＺ社の過失により原告らに起きた損害を賠償すべき、として被告の使用者責任を追及したのです。ここで、民法の使用者責任の規定をみてみましょう。

第715条　ある事業のために他人を使用する者は、被用者がその事業の執行について第三者に加えた損害を賠償する責任を負う。ただし、使用者が被用者の選任及びその事業の監督について相当の注意をしたとき、又は相当の注意をしても損害が生ずべきであったときは、この限りでない。

2　使用者に代わって事業を監督する者も、前項の責任を負う。
3　前２項の規定は、使用者又は監督者から被用者に対する求償権の行使を妨げない。

この民法715条１項では、①「ある事業のために」、②「他人を使用」している場合、③「被用者がその事業の執行について第三者に加えた損害」があれば、それを賠償すべきこととなります。

本件では、被告は、ウェブサイトの制作・保守をＺ社に委託しましたが、これが被告の事業のためのものであり、①「ある事業のために」といえることは疑う余地はありません。

次に、②「他人を使用」しているかどうかです。一般に、かかる使用関係は、使用者と被用者の間に、指揮監督関係があればよい、とされています。本件では、Ｙ社は、

「十分な専門的技術的知識がなかったからこそ、本件ウェブサイトの制作、保守を専門の業者であるＺ社に委託したのであり、コンテンツに直接的に関わりのないセキュリティなどの専門的技術的知識を要する業務について、Ｚ社を指揮、監督することはおよそ不可能であって、このような業務に関して生じた本件事故について控訴人が責任を問われるのは不合理であるし、秘密保持契約を交わしてセキュリティ管理をＺ社に委託していたのであるから、選任、監督に過失はない」

と主張しました。しかし、本判決では、

「挙示証拠によれば、控訴人は、本件ウェブサイトのコンテンツの具体的な内容を自ら決定し、その決定に従いＺ社が行ったコンテンツ内容の更新や修正について、セキュリティ等を含めてその動作を自ら確認していたものであり、また、Ｚ社から随時運用に関する報告を受け、障害や不具合が発生したときはＺ社と原因や対応等について協議していたことが認められるから、控訴人は、Ｚ社が行う本件ウェブサイトの制作、保守について、Ｚ社を実質的に指揮、監督していたものということができる」

として、使用関係を認めました。

③については、被用者（ここではＺ社）に不法行為が認められればよい、と通常考えられています。本件では、損害額の範囲、あるいはその多寡以外の部分はあまり争われなかったようです。上記のように、アクセス権限の不設定、という過失によって、個人情報が流出して損害が発生した、という点は、本件では明らかと考えられます。

b　クラウドではどうでしょうか

この判例をクラウドの利用の場合と比較して、考えてみます。

ここで、Ｙ社に相当するのは、クラウドサービスを利用する事業者です。次に、Ｚ社に相当するのは、クラウドのサービス事業者です。Ｘらに相当するのは、Ｙ社がＺ社に委託した業務に伴ってＺ社が保管することとなったデータのなかに含まれる個人情報の対象者です（従業員や顧客が考えられます）。ここで、クラウドのサービス事業者Ｚ社の過失によりＸらの個人情報が流出した場合、Ｙ社がどのような責任を負うのか考える際、この判例は参考になります。同じように使用者責任が認められるのでしょうか。

この点、まず、クラウドの利用は事業の一環としてなしているでしょうから、①「ある事業のために」、とは比較的容易にいえるでしょう。

次に、③被用者（上記の例ではＺ社）の不法行為については、情報流出の経緯などによります。上記の判例のように、明らかなミスがあれば認められるでしょう。もっとも、この点は、なかなか立証が大変かもしれません。

上記判例との比較で、いちばん興味深いのは、②の点です。使用関係については、指揮監督関係があれば認められますが、上記判例では、(i) ウェブサイトのコンテンツの具体的な内容をＹ社が決定していたこと、(ii) セキュリティ等を含めてその動作を自ら確認していたこと、(iii) Ｚ社から随時運用に関する報告を受け、障害や不具合が発生したときはＺ社と原因や対応等について協議していたことを、指揮監督関係を認める根拠としています。クラウドの利用で同じような個人情報の漏えいが起こった場合も、このように具体的な事情から判断するものと思われます。その際、利用契約上どのような規定になっているのか、実際、どういう運用がなされているのか、を検討することになると思われます。素朴に考えると、クラウドのサービス事業者たるグーグルやマイクロソフトをクラウドの一利用者が「指揮監督」している、とはなかなか思えません。しかしながら、上記（iii）を参考にすると、仮に障害や不具合が発生したときは、報告は受けるでしょうし、対応の協議も事が深刻であればされるかもしれません。「指揮監督」といういわば上下関係を想定する現在の一般的な使用者責任の解釈を前提とすると、クラウドサービスの利用者と提供者たるサービス事業者の間では、ケースバイケースではありますが、「指揮監督」関係が否定されるケースのほうが多いのではないかと考えます。しかし、具体的事情によっては肯定される場合もありえます。この点、今後実務でどのように判断されるかは、予想が困難としかいいようがありませんが、興味深いところです。もちろん、情報セキュリティ事故は起こってほしくはないですが。

なお、この場合に、過失のあるクラウドのサービス事業者が、不法行為に基づく損害賠償責任を負うことは、本章3(2)cに記載したとおりです。また、クラウドサービスの利用者の側で過失がある場合は、独立して民法709条の不法行為責任を負うこととなります。ただし、直接データを保管していないため、そのようなケースは少ないかもしれません。このようなことから、上記では、判例を参考にして、使用者責任について考えたものです。

c　契約責任追及の可能性

従業員の個人情報が漏えいしたような場合に、雇用者であるクラウドサービスを利用している事業者に対し、契約責任に基づいて損害賠償請求をすることができるでしょうか。ここでの「契約」は、雇用契約です。

また、顧客が、取引先たる事業者がクラウドサービスを利用しており、そこから個人情報が漏れた場合にも、同様に何らかの契約があるはずですので、契約責任を追及できるか、という問題は生じえます。単発で何か商品を買ってもらうような顧客については、売買契約から「情報を安全に管理する義務」まで導くことは困難かもしれません。しかし、期間のある継続的な契約を締結している場合や、秘密保持義務が通常あると考えられる契約（たとえば、診療契約）では、契約上、個人情報をしっかり管理する義務を負う、という解釈も成り立ちえます。

もっとも、これはクラウド特有の問題ではなく、一般的に雇用者がこのような義務を負うか、あるいは該当する契約上そのような義務を負うか、という問題ですので、ここでは、これ以上は掘り下げないこととしますが、判例をみる限りは、何らかの契約がある場合でも、プライバシー侵害については、不法行為責任に基づいて（債務不履行責任も同時に主張されることもありますが）損害賠償請求がされることが多いようです。

(2) 情報消失の場合

情報消失の場合は、情報漏えいの場合と異なり、第三者に従業員や顧客の個人情報が漏れるわけではありませんので、「プライバシー侵害」の問題はありません。一方、情報消失により、たとえば顧客が業務上必要な情報を失う、というような場合もありえないことではありませんが、類似の事例についての判例もありませんし、通常は、顧客は顧客で同じ情報を持っていると思われますので、ここでは掘り下げて検討しないこととします。

5 情報セキュリティ事故の際の取締役の責任

取締役の責任については、第５章「３　クラウドの導入と取締役の責任」参照。

本章の前記３と４では、クラウドに関連して情報セキュリティ事故が発生した際の、クラウドのサービス事業者の責任とクラウドサービスを利用する事業者の責任についてそれぞれ検討しました。このクラウド導入の意思決定をしたのは、通常は取締役でしょうが、取締役は、どのような責任を負うのでしょうか。

このクラウドの導入・利用に際しての取締役の責任については、第５章、特に「３　クラウドの導入と取締役の責任」にありますので、そちらをお読みください。

COLUMN　COLUMN

コラム②

ソニーのPSN（PlayStation Network）の情報流出

平成23年の４月、ソニーが管理していた個人情報が大量に流出する、という問題が発生しました。ここで、個人情報の流出といった情報セキュリティの問題とクラウドとを結びつけて、かかる事故の発生がクラウド自体についても打撃を与えた、というようなこともいわれています。

しかし、今回の個人情報の流失の原因は、どうやらインターネットを通じてのハッカーからの攻撃のようで、ハッカーも逮捕されましたが、まだ原因が完全に究明されたわけではありません（平成23年７月11日までの情報に基づいています）。したがって、クラウドの情報セキュリティの問題と関係があるかどうかもまだわからないのです。

一方で、過去に情報の流出を招いたケースでは、情報の入った記録媒体をなくす、IDやパスワードを漏らす、といった人為的なミスが原因となっていました。むしろ、高度な技術力を駆使するハッカーによるものより、このような人為的なミスのほうが多いといわれています。技術上、情報セキュリティについて万全を期していても、人為的な部分が実は最も危ないところなのかもしれません。

もっとも、このような情報流出によるダメージは甚大である、ということは、十分に理解しておかなければなりません。ソニーは、すでに米国で40件を超える訴訟を提起されており（平成23年６月１日時点）、大型のクラスアクションも起こされているようです。また、このようなことが起こると、レピュテーションへのダメージも大きいのです。以上を考えれば、「情報セキュリティ」というものがいかに大切か、おわかりいただけるかと思います。

第4章 個人情報保護法等

クラウドを導入・利用すると、さまざまな個人情報がクラウド上で管理されることが予想されます。そこで、本章では、個人情報保護法やプライバシーの問題について検討します。

1 個人情報保護法とはどのような法律でしょうか

(1) 個人情報保護法の目的

個人情報保護法は、個人の権利利益を保護することを目的とする一定の事業者への規制です。

個人情報の保護に関する法律（一般に、個人情報保護法と呼ばれています）は、平成15年に制定された比較的最近の法律です。この法律の名前をみておわかりのとおり、個人情報を保護するための法律ですが、その目的は、１条に以下のように謳われています。

第１条　この法律は、高度情報通信社会の進展に伴い個人情報の利用が著しく拡大していることにかんがみ、個人情報の適正な取扱いに関し、基本理念及び政府による基本方針の作成その他の個人情報の保護に関する施策の基本となる事項を定め、国及び地方公共団体の責務等を明らかにするとともに、個人情報を取り扱う事業者の遵守すべき義務等を定めることにより、個人情報の有用性に配慮しつつ、個人の権利利益を保護することを目的とする。

この１条から、個人の権利利益を保護することを目的として、個人情報を取り扱う国や地方公共団体、さらには事業者に一定の義務を課した法律、ということがわかります。

(2) どのような事業者が規制の対象になりますか

一定時期において5000人以上の特定の個人を識別することができる情報（氏名、年齢、生年月日、住所等の情報、すなわち「個人情報」）を簡単に検索できるようにデータベース化した「個人情報データベース等」を事業のために用いている事業者が「個人情報取扱事業者」と考えられます。

個人情報の事業者における取扱いに関しては、個人情報保護法において、その義務が第４章において定められています。かかる規定の適用は、その事業者が個人情報保護法上の「個人情報取扱事業者」に該当することが前提となりますので、まずこの点を検討します。

個人情報取扱事業者は、

「個人情報データベース等を事業の用に供している者」

と定義されています（同法２条３項）。このなかの「個人情報

データベース等」は、同法２条２項で、

「この法律において「個人情報データベース等」とは、個人情報を含む情報の集合物であって、次に掲げるものをいう。

１　特定の個人情報を電子計算機を用いて検索することができるように体系的に構成したもの

２　前号に掲げるもののほか、特定の個人情報を容易に検索することができるように体系的に構成したものとして政令で定めるもの」

と定義されており、さらに「個人情報」は、同法２条１項で、

「生存する個人に関する情報であって、当該情報に含まれる**氏名、生年月日その他の記述等により特定の個人を識別することができるもの**（他の情報と容易に照合することができ、それにより特定の個人を識別することができることとなるものを含む。）」

と定義されています（太字は筆者による。以下同様）。

そうすると、特定の個人を識別することができる情報、すなわち氏名、年齢、生年月日、住所などの情報である「個人情報」を簡単に検索できるようにデータベース化した「個人情報データベース等」を事業のために用いている事業者が個人情報取扱事業者ということになります。

もっとも、同法２条３項各号に定められている例外に該当すれば、個人情報取扱事業者に該当しないこととなります。通常の事業者で問題となるのは、５号の

「その取り扱う個人情報の量及び利用方法からみて個人の権利利益を害するおそれが少ないものとして政令で定める者」

です。この政令においては、「その事業の用に供する個人情報データベース等を構成する個人情報によって識別される特定の個人の数……の合計が過去６月以内のいずれの日においても**5000**を超えない者」が基本的には、個人の権利利益を害するおそれが少ないものとして個人情報取扱事業者に該当しない事業者となります。この場合は、直接は個人情報保護法の規制を受けません。

したがって、個人情報保護法の規制を受けるかどうかについて検討する場合には、まずは5000人以上の個人情報を有しているかどうか、を検討します。そして、かなり多くの場合、ここで個人情報取扱事業者に該当しない、という結論が導かれます。

ただし、仮にその事業者が個人情報取扱事業者に該当しないという場合でも、後述のプライバシーの問題は残りますし、個人情報保護法の趣旨に沿った運用が基本的には望ましいところです。

(3) 個人情報取扱事業者の義務

個人情報取扱事業者となると、個人情報の取得、利用および管理に関して、いろいろな義務を負うこととなり

ます。

個人情報取扱事業者となると、個人情報の取得、利用および管理について、いろいろな義務を負うこととなります。この点は、個人情報保護法第４章（15条以下）に規定されていますが、ここではいくつか具体例をあげます。

① 個人情報の取得時に利用目的を特定し、かつ通知しなければなりません（個人情報保護法15条、18条）。また、適正に取得が行われなければなりません（同法17条）。

② 個人データの第三者への提供が制限されていますが、これには一定の例外もあります（同法23条）。

③ 原則として、当該個人より求められた場合、個人データの開示、訂正、利用の停止等を一定の手続に従ってしなくてはいけません（同法25～27条）。

④ 以上のような義務に違反した場合には、主務大臣による勧告や命令がなされる可能性があり、命令に従わないと罰則を受ける可能性もあります（同法34条、56条、58条）。

なお、当然のことですが、個人情報でない情報の取扱いについては、特に個人情報保護法の規制は及びません。

2 クラウドの利用は個人情報保護法に違反しますか

クラウドの利用は、例外的に許容される第三者委託であり、個人情報保護法に通常は違反しないと考えられます。

クラウドの導入は、さまざまなデータや情報の管理をクラウドのサービス事業者という第三者に委託することと考えられます。したがって、クラウドの利用に際し、当該事業者においては、個人情報保護法上問題がないかどうかも事前に検討しておくべきです。

ある事業者が個人情報取扱事業者に該当するとして、クラウドを導入するとしましょう。そして、それに伴って一定の個人情報の管理をクラウド上で行うこととしましょう。さらに、個人情報が匿名化もされていないとしましょう。このとき、クラウドのサービス事業者という第三者に個人情報が提供されます。この場合、個人情報取扱事業者は、本人である従業員等の同意が必要かどうかが問題となります（個人情報保護法23条）。

まず、原則としては、事前に本人の同意を得ないで、個人データを第三者に提供してはいけない、ということになっています（同法23条１項）。

もっとも、個人情報保護法23条４項に定める一定の例外に当

たる場合は、従業員等の同意は必要ないものと考えられており、その1号に、

「個人情報取扱事業者が利用目的の達成に必要な範囲内において個人データの取扱いの全部又は一部を委託する場合」

と定められています。

クラウドを利用してのデータ管理の委託の場合、通常は、「利用目的の達成に必要な範囲内において個人データの取扱いの全部又は一部を委託する場合」（同法23条4項1号）に該当し、従業員等の同意は必要ないものと考えられています。

以上より、クラウドの利用は、クラウドを利用する事業者にとって、従業員などに同意を得なくても、個人情報保護法に違反しないと考えられます。

3 クラウドのサービス事業者と個人情報保護法

クラウドのサービス事業者も、多くの場合は個人情報取扱事業者とならないと考えられますが、その提供するサービス内容等によっては、個人情報取扱事業者となりえます。

(1) どのような点がポイントでしょうか

前節2では、クラウドを利用する事業者側の視点から、個人情報保護法について検討しました。本節では、クラウドのサービス事業者の視点から考えてみましょう。クラウドのサービス事業者の管理するデータセンターには、5000人以上の「個人情報」が管理されていることも簡単に想像できます。したがって、前述1で検討したところからすれば、クラウドのサービス事業者も個人情報取扱事業者に該当し、個人情報保護法上のさまざまな規制を受ける、ということとなりそうです。

しかし一方で、たとえばプラットホームやインフラとしてPaaSやIaaSを提供している場合を想定すると、現実には、あくまでも個人情報を管理しているのは、クラウドを利用している側であって、クラウドのサービス事業者ではないように思われます。

そこで、クラウドのサービス事業者が個人情報取扱事業者といえるのかどうか、問題となるのです。

(2) クラウドのサービス事業者は個人情報取扱事業者でしょうか

ここで、個人情報取扱事業者の定義をもう一度みてみましょう。個人情報取扱事業者は、

「個人情報データベース等を事業の用に供している者」

と定義されています（個人情報保護法２条３項）。すなわち、個人情報データベース等を「事業の用に供している」必要があるのです。ここで、参考になるのは、「個人情報の保護に関する法律についての経済産業分野を対象とするガイドライン」（平成21年10月９日厚生労働省・経済産業省告示第２号）におけるこの点についての具体例です。

事例）倉庫業、データセンター（ハウジング、ホスティング）等の事業において、当該情報が個人情報に該当するかどうかを認識することなく預かっている場合に、その情報中に含まれる個人情報（ただし、委託元の指示等によって個人情報を含む情報と認識できる場合は算入する。）

このような場合は「事業の用に供している」に該当しないこととなっていますが、クラウドサービスでも、事業者が「当該情報が個人情報に該当するかどうかを認識することなく」預かっている場合は、「事業の用に供している」といえないことと

なるでしょう。現在あるクラウドのサービスのなかでは、このような場合が多いと思われます。

一方、クラウドのサービス内容次第では、個人情報と認識したうえでデータ管理をしている場合もありえます。サービス内容とシステムのあり方に照らし、個別に検討するほかないところです。ここは、かなり応用編になりますので、このあたりでやめておきましょう。

もちろん、個人情報取扱事業者となれば、本章の1⑶で説明した義務を負うこととなります。

4 プライバシーとの関係は

プライバシーについては、別途の検討が必要です。

個人情報保護法は、最終的には、個人のプライバシー権を含む権利を保護する目的を持っており、これらを遵守することは、個人のプライバシー権の保護に資することとなります。

ただ、個人情報保護法は、行政的な規制を定めたもので、民事上の責任と必ずしも同一ではありません。すなわち、仮にそれが個人情報保護法に違反していなくても、プライバシー権の侵害に基づく損害賠償請求等、民事上の請求がなされる可能性もないではなく、その場合は、個人情報保護法を遵守しているかどうかとは別に、独立した判断がなされます。

たとえば、ある事業者が、個人情報取扱事業者でないとしましょう。このような場合、この事業者には個人情報保護法の規制は及びません。しかしながら、この事業者が個人情報の流出をしてしまった場合は、プライバシー権侵害で損害賠償をしなくてはならない、という可能性は残るのです。この点も、一応注意しておかなければなりません。

ここで、プライバシー権とは何か、について説明しておきます。だいたいのイメージは皆さんにもあるかと思いますが、これは、憲法13条に基づく権利です。といっても、憲法13条には「プライバシー権」という言葉は使われておらず、「生命、自由及び幸福追求に対する国民の権利」と書かれています。その一内容として、判例上認められてきたのがプライバシー権なのです。

このプライバシー権を判例上認めた件として必ずあげられるのは、宴のあと事件、と呼ばれる事件です（東京地判昭39・9・28、判例時報385号12頁）。ここでは、プライバシー権は、

「私生活をみだりに公開されないという法的保障ないし権利として理解される」

としています。そのうえで、

「プライバシーの侵害に対し法的な救済が与えられるためには、公開された内容が（イ）私生活上の事実または私生活上の事実らしく受け取られるおそれのあることがらであること、（ロ）一般人の感受性を基準にして当該私人の立場に立つた場合公開を欲しないであろうと認められることがらであること、換言すれば一般人の感覚を基準として公開されることによつて心理的な負担、不安を覚えるであろうと認められることがらであること、（ハ）一般の人々に未だ知られていないことがらであることを必要とし、このような公開によつて当該私人が実際に不快、不安の念を覚えたことを必要とするが、公開されたところが当該私人の名誉、信用というような他の法益を侵害するものであることを要しないのは言うまでもない」

として、その要件をあげました。この、宴のあと事件で示された基準は、いまでも判例上広く採用されています。

COLUMN COLUMN

コラム③

個人情報漏えい保険

第3章では情報セキュリティについて、第4章では個人情報保護法やプライバシーの問題について考えてみました。第3章冒頭でも書きましたが、事業者がクラウドの導入を踏みとどまる場合の大きな理由は情報セキュリティにあります。もちろん、一度情報漏えいや情報の消失が起こった場合に、企業として有形・無形の損害を被り、時にそれが甚大にのぼることは、具体例をあげるまでもないでしょう。特に、電子データの漏えいは、一瞬にして大量の情報が流出するおそれが大きく、また、インターネットを通じて瞬く間に広く出回ってしまうリスクが高いのです。

このような情報セキュリティリスクを管理する一つの方法として、個人情報漏えい保険があります。個人情報保護法の施行以来、各保険会社がこのような保険商品を販売するようになっています。その内容の詳細な比較はここではしませんが、従業員の人為的なミスによる情報漏えい、ウイルス感染等による情報漏えいなどがカバーされます。

この個人情報漏えい保険については、すでにご存じの方や加入している事業者も多いと思います。ただ、クラウドとの関係で注意しておいたほうがよいことがあります。保険約款において、海外のサーバーに保存されているデータの消失については、カバーされないとなっていることがあるのです。すなわち、クラウドを導入し、海外のサーバーに個人情報が保存されたがために、保険が下りない、というケースがあることにご注意いただきたいのです。これについては、クラウドの導入の前に、まずはデータセンターの所在地と保険約款を確認し、仮に海外にデータセンターが所在し、かつその場合に保険が下りない、という保険約款の条項がある場合は、特約でその場合でも保険でカバーされるようにできないのか保険会社に相談すべきでしょう。

一方、クラウドが普及していくに際し、情報セキュリティをしっかり管理したい、という要望はますます強くなっていくと思われます。保険会社の側でも、このようなニーズに応えるため、海外にデータセンターが所在する可能性が高いことをふまえて、保険約款の改訂や柔軟な特約の設定が必要なのではないでしょうか。

第5章 コーポレートガバナンスとの関係

1 担当者や取締役はどのようなことに気をつければよいでしょうか

必要な社内手続を検討し、実施する必要があります。

善管注意義務を意識する必要があります。

クラウドを導入するにあたり、担当者や取締役は、まず、必要な社内手続を検討し、実施する必要があります。

また、取締役については、いわゆる善管注意義務があり、仮にかかる義務に違反して会社に損害が生じた場合は、その損害を賠償する責任が生じえます。クラウドの導入にあたっても、十分にリスクを分析し、このような注意を払う必要が、抽象的にはあるのです。一方、取締役の経営判断は尊重されるべきでもあります。

本章では、まずは以上の２点を考えます。この２点は相互に密接に関連しますが、まずは次節２で、通常の社内での導入手続を想定しながら、取締役会の決議が必要か、という点を検討し、そのうえで、３で、仮に何らかの問題が生じた場合に、取締役としての責任を追及されるのはどのような場合か、という事後的な問題を検討します。

2 どのような手続をとればよいでしょうか

現時点では、取締役会による決議が必要と考えておいたほうが無難です。

(1) どのような問題なのでしょうか

第２章のモデルケースで、本書ではどのような場面を想定しながら検討をしているのか、について説明しましたが、クラウドの導入・利用に際し、担当部署では導入を前向きに検討する、という結論になったとき、取締役会での決議が最終的に必要でしょうか。これは、いわば、会社のなかでどのレベルでの意思決定が必要か、という問題です。

会社法では、一定の事項については、株主総会や取締役会での決議が必要であることが定められています。たとえば、会社の合併などの最重要事項は、（一部の例外を除き）最終的には株主総会での意思決定が必要であることが会社法上定められています（会社法783条１項など）。また、取締役会が設置されている会社では、「重要な財産の処分及び譲受け」「多額の借財」といった「重要な業務執行の決定」については、取締役会で決議すべきこととされています（会社法362条４項）。一方で、このような株主総会や取締役会での決議が必要ない意思決定も多数ありますし、日常業務のなかでの個別の意思決定は、むしろそのようなものであるかと思います。そのような場合は、たとえば、担当の取締役、担当部の部長、あるいは支店長等の決裁が必要とされるものかと思いますが、これは会社の組織のなかでの権限がどのように定められているか、という問題です。

クラウドの導入・利用は、はたして会社法上取締役会決議が必要な「重要な業務執行の決定」なのでしょうか。

(2) 取締役会決議が必要なのでしょうか

結論としては、この点に関する議論は、成熟はしていないものの、そのクラウドの導入については、法律実務家レベルでは、内部統制体制の整備に関する事項として（会社法362条４項６号・５項、会社法施行規則100条１項)、取締役会決議が必要と考える方が多いようです。

われわれの業界では、何か手続が必要か、という問いに対して、コンサバティブに考える方が多いと思いますので、そのような実務の現状は法律実務家としては納得できるものではあります。

もっとも、今後の実務の推移によってはいずれに振れる可能性もあるのが現状だと思いますが、ここは、必要か不要か、という二者択一の話ではなく、具体的な状況に基づいて、取締役会とその下の組織との間で、どのように職務権限の分掌が行われているか、という問題と考えます。以下、具体的に検討します。

a　内部統制とは何ですか

会社法362項４項６号および416条１項１号ホの「会社の業務の適正を確保するため」の「体制」のことは、内部統制システムと呼ばれることが多く、会社の業務の適正を確保することを単に「内部統制」と呼ぶことも一般的です。

この内部統制体制の構築については、取締役会における決議事項として、平成18年の会社法の施行に伴って、一般的な株式会社について定めた362条（416条は委員会設置会社についての規定です）では以下のように成文化されています。

第362条

４　取締役会は、次に掲げる事項その他の重要な業務執行の決定を取締役に委任することができない。

［一号～五号省略］

六　取締役の職務の執行が法令及び定款に適合することを確保するための体制その他株式会社の業務の適正を確保するために必要なものとして法務省令で定める体制の整備

５　大会社である取締役会設置会社においては、取締役会は、前項第六号に掲げる事項を決定しなければならない。

このように、内部統制システムについては、各取締役に委任するのではなく、取締役会で決議することが決められており、さらに、一定の大会社（最終事業年度の資本金５億円以上、または負債200億円以上：会社法２条６号）では、内部統制システムについて、必ず決定しておかなければならないこととなります。一方、大会社でない会社においては、このような事項を取締役会で必ず決定しておかなければならないわけではありませんが、決定しておくことが望ましいことはいうまでもなく、また、後述の取締役としての責任の問題もありますので、決定しておくべきといえるでしょう。

この、362条４項６号の「法務省令で定める体制の整備」の「法務省令」が会社法施行規則100条１項です。

（業務の適正を確保するための体制）

第100条　法第362条第４項第６号に規定する法務省令で定める体制は、次に掲げる体制とする。

［一号省略］

二　損失の危険の管理に関する規程その他の体制

［三号以下省略］

この会社法施行規則100条１項は、いわばリスク管理のための体制について定めているのですが、クラウドの導入等を内部統制システムに関するものである、とする根拠として、この２号を検討すべきこととなります。なお、委員会設置会社について定めた会社法施行規則112条２項２号でも、同様の規定があります。

b　クラウドの導入等は内部統制システムに関する事項でしょうか

クラウドの導入に際しては、本書第３章で説明した情報セキュリティに関するリスクや、外部に社内の情報（時には機密情報を含む）を委託する、ということになりますので、「リスク管理」という観点から、内部統制システムについての事項である、と考えておくことが無難でしょう。

また、東日本大震災以降、データのバックアップのためにクラウドを利用したり、災害に強いといわれるクラウドの導入を検討している事業者も多いものと思われます。したがって、クラウドの導入の理由によっては、もう一つの意味で「リスク管理」に関すること、といえると考えます。

c　取締役会決議が不要と考えられる場合はないでしょうか

では、本当にいかなる場合においても、取締役会の決議が必要なのでしょうか。

会社法362項４項６号において、そもそも内部統制体制の構築についてどのような事項を取締役会で決議するのか、という点については、取締役会では重要な事項（要綱・大綱）を決定すれば足りる、取締役会で決議すべきは、あくまで「体制」なのであり（会社法施行規則100条１項１号も「取締役の職務の執行に係る情報の保存及び管理に関する**体制**」となっています）、クラウドの導入・利用については、それを検討する機関、過程などが取締役会決議で整えられていれば足り、個別の取引についての取締役会での承認までは必要ない、という解釈論も成り立ちえます。そのように考えた場合、たとえば、情報管理体制についての取締役会決議の内容いかんによっては、それをもって「体制の整備」は足りていて、クラウドの導入についても、それに沿って、適切に社内決裁を得たものであればよい、という場合もありえないではありません。

もっとも、クラウドの導入は、業務の効率化、より大きなビジネス上の戦略とも関連し、そのようなメリットとリスクというデメリットを比較しながら検討するということであれば、単に情報管理におけるリスク管理という一側面での検討ではなく、やはりクラウドの導入について、ということで取締役会において議論すべきでしょう。

d　どのようなことを取締役会において議論し、決議すべきでしょうか

それでは、具体的にどのようなことを取締役会において議論し、決議すべきでしょうか。

これまで記載したところからおわかりいただけますように、クラウドを導入する必要性やメリットとリスクやデメリットを議論することとなるでしょう。このリスクとしては、本書で紹介しているようなリーガルリスクも含まれます。クラウドを導入する必要性は、業務の効率化かもしれませんし、大震災後では、データの遠隔地でのバックアップの必要性や電力消費の節減、といったことかもしれません。次に、類似のサービスを提供する事業者が複数ある場合は、どのクラウドのサービス事業

者を選択するか、という点も議論すべきものと考えられます。さらには、リスク管理の点からも、具体的に発生する可能性のあるリスクを想定したうえで、どのようにしてそれを事前に防ぐか、あるいは発生した場合に事後的にどのように対処するか、という点、さらにはそのための人的・物的体制の整備について議論することとなると考えられます。

もちろん、取締役会においては、あまり細かいところまでは議論しないことが想定されますが、それでも、上記のようなことの大枠は議論し、決議するべきと考えます。

なお、このような決議を取締役会の議事録としてしっかりと記録しておくべきことはいうまでもありません。どのような議論をして、どのような判断をしたか、どのようなメリットに着目したのか、どのようなリスクを考慮し、それに対してどのような体制を構築するとしたのか、といった点についての議論の記録は、取締役の責任が事後的に追及される場合に、その判断のために重要な資料となるのです。

(3) 必要な開示等

クラウドの導入等に伴って、以下の報告書への記載が必要となる場合があります。

① 事業報告書

② 内部統制報告書

③ 有価証券報告書

これらについて記載する必要があるか、あるいはどのような内容の記載が必要か、については、ケースバイケースですし、細かくなり過ぎますので、本書では、ここまでとします。しかし、このような開示が必要となる可能性がある、ということだけでも認識しておく必要があります。

3 クラウドの導入と取締役の責任

取締役は、クラウドの導入を判断するに際し、善管注意義務を負いますが、一方で、広い裁量も有しています。

取締役は、クラウド導入のメリットやリスクを総合的に判断し、その判断が不合理でなければ責任を負わないといってよいでしょう。ただし、それを記録に残しておく必要があります。

クラウドの導入について、取締役会の決議が必要な場合があることは前述のとおりですが、ここでは、取締役がどのような責任を負うのか、について考えます。この点は、事後的に、たとえば情報漏えいやサービスの停止など、リスクが顕在化した際に、特に問題となります。また、このように取締役の責任が発生しうることを事前に想定することによって、前述の取締役会決議の議事録の記載を工夫する、検討過程を記録に残しておく、といったことが必要だ、ということがより具体的におわかりいただけるかと思います。

(1) 取締役の善管注意義務

株式会社では、取締役と会社との関係は、「委任に関する規定に従う」となっていますが（会社法330条）、この委任とは、法律行為をすることを委託することで（民法643条）、受任者は「善良な管理者の注意をもって、委任事務を処理する義務を負う」（民法644条）、とされています。したがって、受任者たる取締役は、委任者である会社に対し、このような善管注意義務を負っているのです。これに加えて、会社法355条に、取締役の会社に対する忠実義務が定められていますが、これは、一般的には、善管注意義務と異なるものを定めた、とは考えられていません。

このような善管注意義務は、会社が（あるいはその背後にいる株主が）、取締役の責任を追及する際、その根拠となります。一方、取締役からすれば、経営判断をする際、かかる義務を負っていることを常に意識せざるをえない、ということになります。

(2) 内部統制との関係

このような、善管注意義務の一内容として内部統制システムの構築があることは、新会社法制定以前より、判例上認められていました（大阪地判平12・9・20、判例時報1721号3頁）。この判例では、「健全な会社経営を行うためには……リスク管理が欠かせ」ない、としたうえで、「会社が営む事業の規模、特性等に応じたリスク管理体制（いわゆる内部統制システム）を整備することを要する」としています。そして、このリスク管理体制の大綱については重要な業務執行の決定を行う取締役会で決定することとして、「業務執行を担当する代表取締役及び業務担当取締役は、大綱を踏まえ、担当する部門におけるリスク管理体制を具体的に決定するべき職務を負う」としています。

(3) クラウドの導入について

クラウドの導入についても、前述のとおり、内部統制システムの体制の整備に関する事項と考えますので、このことについては、取締役は、善管注意義務を負っており、その判断について、場合によっては、善管注意義務違反として責任を追及される可能性がある、ということになります。また、東日本大震災以降、大災害が発生した際の危機管理、という観点から、クラウドの導入・利用を考えることが増えていますが、このような理由でクラウドの導入・利用に踏み切る場合においても、「会社が営む事業の規模、特性等に応じたリスク管理体制（いわゆる内部統制システム)」として、内部統制システムの体制の整備に関する事項と考えるべきでしょう。

ここで注意を要するのは、取締役は、結果責任を負うのではなく、あくまで、善管注意義務を果たしたかどうか、という点が問題なのだということです。

(4) 経営判断の原則

前述のように、取締役は善管注意義務を負いますが、一方で、取締役の経営判断は、その場その場で迅速な判断が求められることも多く、責任を広く認めることにより取締役を萎縮させることにもなりかねません。そこで、いわゆる「経営判断の原則」というものが認められており、判例では、経営について取締役の広い裁量を認める傾向にあります。

(5) 具体的な検討事項と検討したことの記録

以上より考えますと、取締役は、クラウドの導入を判断するに際し、善管注意義務を負いますが、一方で、広い裁量を有している、といえます。したがって、リスクのみを検討し、それに対する危惧感より導入を踏みとどまらせる、といった類の検討は適切ではない、といえるでしょう。

むしろ、十分に調査をしたうえで、経営上、問題となっているクラウドの導入にどういうメリットがあるのかを検討し、リスクも十分考慮し、それに対する対処方法があるかどうかも検討したうえで判断すれば、それが不合理なものでない限りは、善管注意義務を果たした、といえるでしょう。

もっとも、このような検討の過程がかたちとして残されていないと、実際に責任を追及された場合に客観的な証拠がない、ということにもなりかねませんので、この点を検討した取締役会決議にはある程度詳細な記載をし、また、取締役会や担当取締役に提出された検討過程における資料については、きちんと保管しておいたほうがよいでしょう。

(6) 補　　足

以上、主にクラウドの導入の場面にスポットライトを当てて、取締役の善管注意義務と経営判断の原則を対比しながら、取締役の責任について検討してきました。ここで、数点補足させてください。

まず、取締役がクラウドに関して負う善管注意義務は、何も導入の場面に限られるものではありません。利用していくうちに、明らかな問題点が見つかった場合などは、適切に対応する義務も負う、と考えられます。もちろん、そのような情報がしっかりと取締役に伝わるような「体制」をつくっておくことが、内部統制上必要なのです。

次に、第３章４で、情報セキュリティ事故の際（情報漏えいが起こった場合）、その情報の対象となっている個人に対し、クラウドサービスを利用する事業者が責任を負う可能性があることは説明しました。さらに、取締役も、悪意または重大な過失があったときは、このような第三者に対して損害賠償責任を負担することもあります（会社法429条１項）。ただ、そのような具体的なケースは想定が困難ですので、ここでは詳細な検討は割愛します。

4　e文書について

> e文書を海外のサーバーに保存していても、e文書法等において問題はないと思われますが、断言はできません。

従来紙ベースで作成・保存されていた文書が、近時、電磁的記録により作成・保存されています。会社の事業活動において、文書の管理は重要ですが、ここでは、そもそも電磁的記録による文書の管理はどのような法的な根拠に基づいているのか概観し、クラウドを使って文書管理をする場合のこの点に関する問題点を考えてみます。

(1)　e文書法とはどのような法律でしょうか

e文書法とは、平成17年4月1日から施行されている「民間事業者等が行う書面の保存等における情報通信の技術の利用に関する法律」の通称で、その整備法として、「民間事業者等が行う書面の保存等における情報通信の技術の利用に関する法律の施行に伴う関係法律の整備等に関する法律」があります。

法律上、文書の保存が義務づけられている書面はいろいろとあります。そのなかには、もちろん、会社の事業活動において作成される文書も含まれ、会計帳簿や税務上の書類も含まれます。文書の保存は、従来は紙ベースで保存が行われていましたが、各法、あるいは各省令において、次第に電磁的記録の保存に切り替わってきました。しかしながら、このような改正がなされているものと、まだのものがありました。

そこで、「電磁的方法による情報処理の促進を図るとともに、書面の保存等に係る負担の軽減等を通じて国民の利便性の向上を図」るべく、ｅ文書法が定められ、個別の改正がされていない場合についても電磁的記録によることができるようにしたのです。ここでは、３条および４条で、書面の作成や保存について、主務省令の定めるところによって、電磁的記録の作成や保存を行ってよい、ということとなっています。

たとえば、会社法では、作成が義務づけられている定款や株主名簿についても、電磁的記録でこれを作成することができ、記録を保存しておけばよい、ということになっています（会社法26条、122条）。この場合は、ｅ文書法ではなく、この規定が適用されますが、電磁的記録によって文書を作成し、保存することができることに変わりありません。一方、会社法のような規定がない場合であって文書の作成が義務づけられている場合であっても、ｅ文書法に基づいて主務省令があれば、同様の取扱いになり、各省庁が所管の法令について、この点についての省令を出しています。

(2)　ｅ文書とクラウドの関係

クラウドを使うと、ｅ文書法等に基づいて電磁的記録で保存されている文書（e 文書といいます）が、物理的には海外のサーバーに保管されている、ということもありえます。そのとき、はたして文書の保存の義務を果たしたといえるか、という問題があります。

この点については、実はあまり議論されていません。ただ、国税庁が以下のウェブサイトにて公開している電子帳簿保存法Q&Aでは、国税関係帳簿書類については

「納税地にある電子計算機において電磁的記録をディスプレイの画面及び書面に、整然とした形式及び明りょうな状態で、かつ、スキャン文書の場合は、さらに拡大又は縮小及び4ポイントの文字が認識することができる状態で速やかに出力することができる等、紙ベースの帳簿書類が納税地に保存されているとの同様の状態にあれば、納税地に保存等がされているものとして取り扱われます」

ということになっています。詳細は、以下のウェブサイトをご参照ください。

http://www.nta.go.jp/shiraberu/zeiho-kaishaku/joho-zeikaishaku/dennshichobo/jirei/pdf/denshihozon.pdf

他の e 文書においても同様に考えるのが合理的だと考えますが、現時点では断言はできません。今後、省令などによって、このような点を明らかにして疑問や不安を解消する、ということが必要でしょう。

COLUMN COLUMN

コラム④

クラウドとM&A

1　クラウドのサービス事業者のM&A

クラウドの普及を政府が推進している現状において、クラウド関連の事業を推進していく姿勢をみせている企業は数多くあります。その成長戦略の一環として、M&A（Merger & Acquisition）がある、ということは、栄枯盛衰の激しいIT業界においてはスピード感が何より大切であることから、容易に想像できるところです。

クラウドビジネスを行っている事業者を買収するにあたっては、まずは通常のM&Aとその基本は変わるところはないでしょう。傾向としては、データセンターの数などにおいて、規模の利益を追求するためのM&Aや、異なる種類のサービスを提供しているサービス事業者間でシナジー効果をねらうものが出てくるかもしれません。また、クラウドビジネスそのものがボーダーレス化していますので、クロスボーダーのM&Aが多いでしょう。このクラウドのサービス事業者間のM&Aですが、スキームによっては、契約を承継する方法などが異なってくることにも注意が必要です。たとえば、事業譲渡であれば、包括的に承継するのではなく、特定された契約のみを承継することとなります。一方、合併では、契約関係（ユーザーとの間の契約も含みます）も包括承継することとなります。したがって、クラウドのサービス事業者間で合併する場合は、ユーザー側でも、サービス利用契約が今後だれとの間で効力があるのか把握しやすいですが、事業譲渡をする場合は、譲渡人・譲受人のうち、いずれにユーザーとの間でのサービス利用契約の効力があるのか、必ずしも明らかではありません。サービス利用契約を包括的に承継したい、という場合は、事業譲渡ではなく、会社分割などそのようなことが容易なスキームにすべきでしょう。ユーザーにとっては、いわゆるベンダーロックイン（そのサービス事業者以外に移行できなくなる状態）が起こりやすいといわれているクラウドサービスにおいては、クラウドのサービス事業者が、従前どおりのサービスを提供してくれるか否かが、最大の関心事と思われます。したがって、この点では、M&Aを検討しているサービス事業者は、ユーザー側になるべく影響の少ない契約の承継方法などを検討すると思われます。

一方で、上記のようなスキームをとらないで協力関係を進める、という選択肢も当然あります。ライセンス、技術提携や業務提携がそれです。大きいところでは、NTTデータとセールスフォース、あるいはおもしろいところではマイクロソフトとトヨタ自動車がクラウドに関して提携しています。これらは、M&A、すなわち「合併と買収」ではありませんが、業務上のシナジー効果をねらったものもあります。いまのところ、業界では、そのような動きのほうが多いように思います。

2　通常のM&Aのなかでのクラウドに関する注意点

今後、ますますクラウドが普及していくなかで、異なるクラウドのサービス事業者に委託していた事業者間での合併などがあることも十分に予想されます。相互に利用しているシステムの互換性があればよいのですが、現状、これがない可能性も十分にありうるところです。特に、クラウドでは、事実上ベンダーロックインがある、ということは一般的にいわれているところで、システムの統合が困難となりうることが予想されます。さらに、サービス事業者との契約やサービス事業者における保存方法によっては、データの移行についても問題が起こりえます。

また、本書で説明しているリーガルリスク、特に情報セキュリティの点（第3章）やカントリーリスクの点（第6章）は、デューデリジェンスにおいて、十分に留意すべきでしょう。とりわけ、買収する側がまだクラウドを導入しておらず、一方で、買収される側がすでにクラウドを導入しているような場合は、買収する側としては、クラウドを新規に導入する場合と同様の考慮が必要でしょう。

これらの点は、クラウドビジネスの成長戦略としてのM&Aの問題というよりは、通常のM&Aを行うに際して、クラウドの普及により検討課題が増えている、という実情を示すものです。

第6章 クラウドの国際性と法

クラウドにはボーダーレスな特徴があります。

インターネット自体がすでにそうだったのですが、クラウドも、そのサービスの提供などが、一瞬で国境を越える性質を有しています。たとえば、データセンターが国外にある場合も多いですし、クラウドのサービス事業者自体が国外の事業者であることもままあります。このようなボーダーレスな特徴を有するクラウドでは、法的にみても、そこから生じるリスクを常に意識せざるをえません。サービス事業者が日本の事業者であり、データセンターもすべて日本にあることが確認されており、すべてが日本で完結しているような場合は、クラウドでは、これまでむしろ少なかったとさえいえます。

以下では、このようなクラウドのボーダーレスな特徴から生じるリスクや法的な問題点について考えてみましょう。実は、このあたりのリスク（特に「1　外国の公権力によるデータの取得、差止命令など」の点）が、日本の企業がクラウド導入を踏みとどまる大きな理由となっていることも多いのです。また、クラウドのボーダーレスな特徴から、直接的にはリスクとはいえないですが、いろいろな法的な問題点が生じますので、この点についても、本章で検討してみます。

1 外国の公権力による データの取得、差止命令など

クラウドにはデータセンターの所在地法による、いわゆるカントリーリスクがあります。

その例として、米国愛国者法とEUデータ保護指令があげられます。

データセンターが国外にある場合は、その所在地の公権力によるデータの取得、さらにはサービス停止に至るような公権力の行使がなされるリスクも念頭に置いておかなければなりません。また、データの移転がデータセンターの所在地法により困難となりうる場合もあります。この点は、データセンターの所在地法によりますので、データセンターの所在地を確認のうえで、その所在地において適用のある法律を検討する必要があります。

(1) 米国愛国者法

a 米国愛国者法とはどのような法律ですか

米国愛国者法は、正式名称は、「Uniting and Strengthening America by Providing Appropriate Tools Required to Intercept and Obstruct Terrorism Act of 2001」ですが（英文

での通称は、Patriot Act)、2001年９月11日の同時多発テロの翌月に成立しました。米国愛国者法は、まさにテロ対策のための法律で、その一環として、捜査機関の権限の拡充が行われています。

b　クラウドとの関係ではどのような点が重要ですか

クラウドとの関係では、以下の条項は特に注意しておく必要があります。

①　201条：テロリズムに関連して、通信傍受をする権限を定めています。

②　202条：コンピュータ関連の一定の犯罪について、通信傍受をする権限を定めています。

③　209条：一定の場合において、裁判所の命令なしで、捜査官が電子メールやボイスメールを取得できることとしています。

④　213条：捜査官は、令状の通知なく家宅など（データセンターも含まれます）を捜索できることとなっています。

⑤　505条：FBIは、「国際テロ（international terrorism）や秘密諜報活動（clandestine intelligence activities)」の防止を目的とした正式な捜査に関連することを明示し、金融機関や通信サービスプロバイダーの同意が得られれば、それらが有する顧客の個人情報を裁判所の関与なく得られるものとしています。

このように、米国愛国者法は、テロリズムなどに対する捜査において、捜査機関や捜査官の権限を大幅に拡充しました。特に、通信傍受を許容して、証拠収集の手段を強化し、裁判所の命令が不要、とすることにより、捜査機関の迅速な対応を可能としています。一方で、捜索の対象となる側からすると、自己のあずかり知らないところで電子メールなどの通信が傍受されている可能性があり、また、裁判所の命令なく、いきなり家宅などで捜索が行われる可能性があるという点で、プライバシーなどの人権に対する脅威ともなっています。

ちなみに、日本でも、組織犯罪対策のための通信傍受は認められています（犯罪捜査のための通信傍受に関する法律）が、裁判所による傍受令状があることが前提です。一方で、裁判所により出される捜索差押令状なしでは、現行犯逮捕に伴う場合など限られた場合を除いて、捜索や差押えなどはできません。

c　実例はありますか

米国愛国者法に基づいて、データセンターから機材等が押収された事案があります。2009年４月２日早朝に、米国連邦捜査局（FBI）は、テキサス州にあるCore IP Networks LLCの捜索をし、捜査官が２フロア分のサーバーなどを押収しました。これにより、このデータセンターを利用していた約50社の顧客に対するサービスが停止する事態に陥りました。最悪の場合、このようなことも起こりうる、ということは、特に米国にデータセンターが所在する場合は知っておかなければなりません。もっとも、捜査権限の広さや手続の違いはあれど、他の国でも捜査機関の押収、というリスクはありますので、米国特有の問題というわけではない、ということもいえます。ただし、仮想化により物理的には同じデータセンターの同じサーバー機器のなかに、他社のデータも保存されている場合に、他社への捜索の巻き添えを食ってサーバー機器が押収されてしまうというのは、クラウド特有の問題（あるいは少なくともクラウドで起こりやすい問題）、ということもできます。現実には、バックアップがあれば、クラウドサービスを利用していた側の業務が停止してしまうことはない、ということも考えられますが、データを押収されること自体、マイナスであることは否定のしようがありません。

なお、米国愛国者法の詳細については、以下のウェブサイトをご参照ください。

http://www.gpo.gov/fdsys/pkg/PLAW-107publ56/content-detail.html

(2) EUデータ保護指令

EUデータ保護指令（Data Protection Directive）は、EUにおいて、EU内での「personal data（個人データ）」の取扱いに際してのプライバシー権の保護をその一つの目的としています（EUデータ保護指令1条1項）。その一環として、EU域外の国に、個人データを移転する場合、原則として、その国がEUデータ保護指令が要求する個人データ保護の水準を有していることを要求しています（EUデータ保護指令25条）。このEUデータ保護指令上の十分なデータ保護の水準を有しているEU域外の国は、スイス、カナダ、アルゼンチンなどは含まれていますが、日本や米国は入っていません。もっとも、そのような場合でも、EUデータ保護指令26条に定めている例外に当たれば、個人データの移転が可能となります。たとえば、本人が明確に同意している場合はこのような例外に該当しますし、また、十分な個人データ保護の水準を有している企業などに対してであれば、日本や米国への個人データの移転も可能です。ちなみに、米国は、EUとの間で2000年に、いわゆるセーフハーバー協定を締結しています。この協定を、グーグル、マイクロソフトなどが遵守していますので、特に支障なく個人データの移転が行われています。

このような状況ですので、EU域内の国にデータセンターがあり、そこにクラウドサービスを通じて個人データが保存されている場合、そこから日本へその個人データを移転しようとしても、EUデータ保護指令によりできない、という可能性もないではなく、データセンターがEU域内に所在するとき（あるいは所在する可能性があるとき）は、注意が必要です。

なお、EUデータ保護指令の詳細については、以下のウェブサイトに掲載されていますので、ご参照ください。

http://www.cdt.org/privacy/eudirective/EU_Directive_.html

⑶　まとめ

米国愛国者法とEUデータ保護指令は、データセンターが国外にある場合のリスク・制約としてよくあげられる例ですが、もちろん、このようなリスク・制約は、これらにとどまるところではありません。類似の制度がないか、あるいはこのようなリスク・制約となる可能性のある他の規制はないか、ということは、データセンターの所在する（あるいは所在する可能性のある）それぞれの国や地域ごとに検討するべきことなのです。

2　管轄や準拠法の問題

クラウドのサービス事業者の契約では、管轄や準拠法は、日本の裁判所や日本法が定められている場合も、そうでない場合もあります。

第三者との関係でも、管轄や準拠法の問題に注意しなければなりません。

(1)　クラウドに関して裁判になったら、どこの裁判所で判断されるのでしょうか（管轄）

a　管轄とは何ですか

管轄とは、いうなれば、当事者間で紛争が起こり、話合いでは解決がつかない場合に、どこの裁判所で裁判を提起できるのか、という問題です。これは、国内関係でも国際関係でも起こりえます。東京の会社同士で東京での取引について問題が生じたとき、突然札幌地方裁判所に訴えを提起しても、通常は管轄がないでしょう。

本章は、「クラウドの国際性と法」というタイトルでいろいろと検討していますので、ここでは、いわゆる国際裁判管轄について簡単に検討したうえで、クラウドに関して起こりうる問題について考えてみます。

b　契約当事者間における管轄の問題

(a)　契約書上の管轄規定

契約当事者間では、管轄を契約書上で定めることができます。そして、クラウドの利用契約においては、そのような規定が定められることが多いのです。

日本国内で、日本の会社同士が契約を締結する場合でも、たとえば東京と大阪の会社であれば、東京地裁か大阪地裁のいずれかを定める、ということもあります。また、管轄が専属的か、そうでないか、という点も検討しておかなければなりません。専属的、とすると、そこでしか裁判を起こせない、ということになりますが、非専属的ですと、そうでないこととなります。

国際取引においては、裁判にかかるコストや安心感を考えて、なるべく自分の会社の本国で、と考える傾向があります。しかし、それでは平行線をたどるので、折衷案として、被告地で行う、と定めることもあります。すなわち、訴える側が相手方のところに行かなければならない、とするのです。

このような定めをする場合、管轄が専属的かどうか、ということも考慮しておく必要があります。また、それとも関連して、仮に裁判になった場合、最終的に執行できるかどうか、という問題も考えておかなければなりません。すなわち、たとえば、管轄を米国カリフォルニア州のサンタクララ郡にある裁判所としていたとしましょう。そして、米国のクラウドのサービス事業者が日本のクラウドサービスの利用者をサンタクララ郡にある裁判所で訴えて１万ドル勝ったとしましょう。しかしこの利用者が支払わず、かつ米国内に目ぼしい資産がなかったとしましょう。これが仮に日本国内の裁判所で出された判決であれば、すぐに民事執行法上の執行手続に入ることができます（差押えなどができるのです）。しかし、これが米国の裁判所の判決となると、話が違ってきます。民事訴訟法118条に以下の規定があります。

第118条　外国裁判所の確定判決は、次に掲げる要件のすべてを具備する場合に限り、その効力を有する。

一　法令又は条約により外国裁判所の裁判権が認められること。

二　敗訴の被告が訴訟の開始に必要な呼出し若しくは命令の送達（公示送達その他これに類する送達を除く。）を受けたこと又はこれを受けなかったが応訴したこと。

三　判決の内容及び訴訟手続が日本における公の秩序又は善良の風俗に反しないこと。

四　相互の保証があること。

このような条件を具備することを、まずは裁判所で判断しなければならないのです（民事執行法24条）。そして、この「相互の保証」がしばしば問題となります。米国ならまだしも、国によっては、この要件を満たさない、とされるリスクが大きく、勝ったもののとれるものがない、という事態になりかねません。このような観点からの検討もしておくべきです。

なお、紛争解決手段として、仲裁を定めることがあります。これは、裁判ではなく、仲裁という手続において紛争を解決する、という契約当事者の合意ですが、クラウドのサービス事業者との契約では、利用されている実例が見つかりませんでしたので、ここでは省略します。

(b) クラウドのサービス事業者との契約においては管轄規定はどうなっていますか

それでは、クラウドを導入・利用する事業者とサービス事業者の間では、どうなるでしょうか。

クラウドのサービス事業者も米国系の大手が多いので、管轄については注意しておく必要があります。特に、米国内に管轄がある場合、ディスカバリー制度や陪審員制など、日本の民事訴訟にはない制度があり、これらの負担は大変重たいものがありますので、注意（さらにいうと覚悟）が必要です。

この点、米国大手系のクラウドのサービス事業者においても、日本国内に管轄を定めている場合、米国内に管轄を定めている場合、いわゆる被告地主義としている場合がそれぞれあるようです。

日本国内を管轄としている場合は、もちろん、クラウドを導入・利用する事業者としては、自分の本拠地で最終的に解決ができる、という安心感があるかもしれません。一方、このような定めをする場合、クラウドのサービス事業者としても、そのような安心感を利用者側に与えるために、日本国内に管轄を定め、日本法を準拠法とし、営業を推進しよう、という意図があるでしょう。

一方、米国内に管轄を定めている場合は、このような安心感はありません。クラウドのサービス事業者としては、自らの本拠地で裁判をしたい、という意図があると考えられます。

c　第三者との間での管轄の問題

(a)　第三者との間で管轄が問題となる場合

上記のように、契約当事者間では決め事として決めておくことができるのですが、第三者との関係では、そういうわけにはいきません。

クラウドにおいては、データセンターが国外にあることが多く、サービス自体がボーダーレスな特徴を持っています。このような場合、たとえば、米国のデータセンターから日本の事業者に対して提供されているサービスに関して、第三者との関係で問題があった場合（たとえば、著作権侵害や特許権侵害)、どこの国の裁判所で解決されるのか、という問題が発生しうるのです。

なお、契約当事者間において、管轄の定めがない場合も(b)以下に記載するような考え方で国際裁判管轄を決めることになりますが、クラウドのサービス事業者との契約では、管轄の定めがあることが通常のようですので、ここでは、第三者との間での管轄についてもっぱら検討します。

(b) 国際裁判管轄についての判例

日本においては、以下の(2)で述べるように、準拠法においては「法の適用に関する通則法」があり、この法律に基づいて判断がなされるのですが、国際裁判管轄の問題においては、実はこれまでそのような法律や条約がありませんでした（この点についての民事訴訟法改正については(c)で説明します)。しかし、日本の裁判所で、(a)であげたような裁判が持ち込まれたとき、被告が「日本に管轄がない」という主張をすることは十分予想されることで、どのような基準で判断されるかは押さえておかなければなりません。

この国際裁判管轄については、上記のように特に法律や条約はないのですが、いくつか重要な判例があり、それに沿って考えていくべき、ということになります。実は、この点は、学説の考え方が分かれており、下級審レベルでは、かなり多くの判例もあります。詳細に検討しようとすればいくらでもできるところではありますが、ここでは簡単に著名な最高裁判例に触れることとします。

まずあげておかなければならないのは、マレーシア航空事件最高裁判決です（最判昭56・10・16、民集35巻7号1224頁)。この事件は、マレーシアの航空会社の運行する飛行機がマレーシア国内で墜落し、事故で死亡した日本人の遺族がこの航空会社に対し、損害賠償請求訴訟を名古屋地裁で提起した、という事件の上告審です。被告である航空会社は、マレーシア国内における事故であるなどの理由で、日本の裁判所に管轄がないことを

主張しました。この事件で、最高裁は、外国法人が日本の裁判所の管轄に服するか、という点について、

「この点に関する国際裁判管轄を直接規定する法規もなく、また、よるべき条約も一般に承認された明確な国際法上の原則もいまだ確立していない現状のもとにおいては、当事者間の公平、裁判の適正・迅速を期するという理念により条理にしたがつて決定するのが相当であり、わが民訴法の国内の土地管轄に関する規定、たとえば、被告の居所（民訴法二条）、法人その他の団体の事務所又は営業所（同四条）、義務履行地（同五条）、被告の財産所在地（同八条）、不法行為地（同一五条）、その他民訴法の規定する裁判籍のいずれかがわが国内にあるときは、これらに関する訴訟事件につき、被告をわが国の裁判権に服させるのが右条理に適うものというべきである」［注：上記民事訴訟法の条文番号は、いずれも平成10年１月１日施行の民事訴訟法改正前のものです］

とし、被告の航空会社が日本において営業所を有していることを重視して、管轄を認めました。このように、マレーシア航空事件最高裁判決においては、被告の居所、法人その他の団体の事務所または営業所、義務履行地、被告の財産所在地、不法行為地といった民事訴訟法の国内の裁判所における管轄について定めた条文に該当するような事由がある場合（裁判籍、ともいわれます）には、日本の裁判所における国際裁判管轄も認める、というような立場に立ったものと理解できます。

もっとも、その後の下級審判決では、裁判籍がある場合に、いかなる場合であっても日本の裁判所に国際裁判管轄を認めるわけではなく、なお国際裁判管轄を認めるのが相当でない、と判断される特段の事情がある場合には、国際裁判管轄は否定される、という流れがあり、これを最高裁も認めました。

平成９年11月11日最高裁判決（民集51巻10号4055頁）は、自動車などの輸入を行っている日本の会社がドイツ在住の日本人に欧州各地からの自動車の買付け等の委託をしており、かかる業務委託契約に関する預託金の返還を求めた訴訟です。最高裁は、

「我が国の民訴法の規定する裁判籍のいずれかが我が国内にあるときは、原則として、我が国の裁判所に提起された訴訟事件につき、被告を我が国の裁判権に服させるのが相当であるが、我が国で裁判を行うことが当事者間の公平、裁判の適正・迅速を期するという理念に反する特段の事情があると認められる場合には、我が国の国際裁判管轄を否定すべきである」

としたうえで、契約がドイツにおいて締結されており、契約上の業務委託もドイツ国内におけるものであること、被上告人（第一審の被告でもあります）がドイツに生活上および営業上の本拠を置いていること、ドイツ国内に被上告人の防御のための証拠が集中していることなどを指摘したうえで、特段の事情を認め、日本における国際裁判管轄を否定しました。

以上の２つの最高裁判例からすると、最高裁は、民事訴訟法

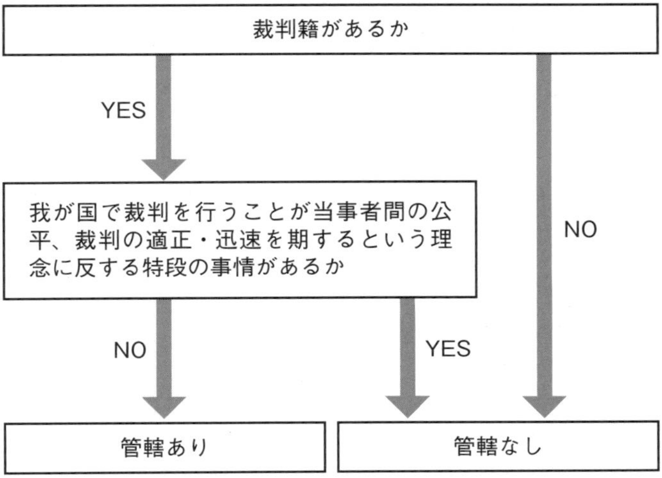

上における法人その他の団体の事務所または営業所、義務履行地、被告の財産所在地、不法行為地といった裁判籍があるかどうかをまず基準とし、それがあるとしても、なお、「我が国で裁判を行うことが当事者間の公平、裁判の適正・迅速を期するという理念に反する特段の事情があると認められる場合」には、日本における国際裁判管轄を否定する、という立場をとっています。

上記の２つの最高裁判例のほか、同様の考えに立つ判例として、平成８年６月24日最高裁判決（民集50巻７号1451頁）、平成13年６月８日最高裁判決（民集55巻４号727頁（円谷プロダクション事件））があげられます。

なお、ここで注意しておかなければならないのは、国際裁判管轄は、必ずしも択一的でない、ということです。日本の裁判所が日本に裁判管轄がある、とした事件で、中国の裁判所でも管轄がある、という結論になることはありうることなのです。国際裁判管轄については、各国でルールを決められるので、このようなことも起こりうるのです。このような場合に２つの裁判が違う国で係属することもあり、厳密な用語ではないですが、国際二重訴訟、といったりもします。

(c) 民事訴訟法などの改正

前述の(b)で述べたとおり、これまでは、国際裁判管轄について定めた法律や条約はなく、判例法理に従って判断されていました。この点に関して、平成23年４月に民事訴訟法及び民事保全法の一部を改正する法律案が可決され、同年５月２日に公布されました。公布日から１年以内に施行されることとなっていますので、施行も時間の問題です。したがって、今後の実務はこれらの改正された法律を前提とすることとなります。

民事訴訟法及び民事保全法の一部を改正する法律の詳細な内容については、以下をご参照ください。

http://www.moj.go.jp/MINJI/minji07_00086.html

大要においては、(b)で述べた判例法理を追認し、成文化したもの、といえるでしょう。国際裁判管轄における「裁判籍」については、３条の２、３条の３などで追加し、被告の住所、被告の営業拠点、財産所在地、不法行為地などによってこれまで判例法理上認められてきた管轄権を成文化しました。また、平成９年最高裁判決においては、裁判籍のいずれかがわが国内にある場合でも、「……我が国で裁判を行うことが当事者間の公平、裁判の適性・迅速を期するという理念に反する特段の事情があると認められる場合には、我が国の国際裁判管轄を否定すべきである」としましたが、この点も3条の9で以下のように成文化されました。

（特別の事情による訴えの却下）

第3条の9　裁判所は、訴えについて日本の裁判所が管轄権を有することとなる場合（日本の裁判所にのみ訴えを提起することができる旨の合意に基づき訴えが提起された場合を除く。）においても、事案の性質、応訴による被告の負担の程度、証拠の所在地その他の事情を考慮して、日本の裁判所が審理及び裁判をすることが当事者間の衡平を害し、又は適正かつ迅速な審理の実現を妨げることとなる特別の事情があると認めるときは、その訴えの全部又は一部を却下することができる。

(d)　クラウドとの関係ではどのようなことが考えられますか

ここで、設例をあげて考えてみましょう。米国のデータセンターから日本の事業者に対して提供されているサービスについて、第三者との関係で問題があったとします（たとえば、著作権侵害や特許権侵害）。ここでは、データセンターは日本にはないのですが、サービスは日本向けです。

この場合における著作権侵害に基づく損害賠償請求について

は、不法行為であると考えますので、「不法行為地」（民事訴訟法５条９号。なお、改正後の民事訴訟法３条の３第８号）という裁判籍があると考えるでしょうし、また、クラウドのサービス事業者は、データセンターは海外にあるとしても、日本に営業所がある場合が多いと考えられますので、営業所から裁判籍が生じることも多いでしょう（民事訴訟法５条５号。なお、改正後の民事訴訟法３条の３第４号）。とすると、「特段の事情」あるいは「特別の事情」がない限り、日本における国際裁判管轄が認められるということになりますが、サービスが日本向けで、日本で（不法行為に基づく）損害が発生する、ということであれば、条理上も日本での国際裁判管轄を認めてもさしつかえない、といえるでしょう。

特許権侵害に基づく損害賠償請求についても、著作権侵害の場合と同様に、「不法行為地」や営業所に基づく裁判籍があると考えられます。もっとも、特許権は、その国のなかでのみ適用され、域外では原則として適用されません。したがって、特許権侵害を外国にある物に対して認めることは、原則としてないのです。そうだとすると、少なくとも、特許権侵害が、もっぱらデータセンター施設の物理的な側面に関する場合（特許権侵害がもっぱら米国にあるデータセンターの冷却装置や工法に関するものである場合）は、あくまで米国で特許権があるかどうかの問題であって、日本の問題ではない、ということになると考えられます。とすると、条理上も日本での国際裁判管轄は認められないでしょう。もちろん、その場合、米国で登録されている特許権があれば、別途米国の裁判所に特許権侵害を提起すればよい、ということになります。なお、特許権については、上記のように、各国での登録により権利となる、という特徴がありますので、特許権の発生や有効・無効についての争いについては、登録国の専属管轄に服する、とされています（改正後の民事訴訟法３条の５第３項参照）。したがって、たとえば、日本において登録されている特許の無効審判を日本以外の国で行うことはできません。しかしながら、私人間の特許権侵害についての争いについては、外国特許に関する紛争についても日本の裁判所で管轄があることを前提に判断されたケースも現にあります（後述の⑵で触れる最判平14・９・26、民集56巻７号1551頁）。

その他、クラウドのサービスから第三者との関係で問題が生じるケースはたくましく想像すればいろいろと考えられるでしょうが、詳細になり過ぎるかもしれませんので、このあたりでやめておきましょう。いずれにせよ、新しい問題点ですので、今後、どのように議論が進展するか、見守っていく必要があります。

⑵　クラウドの利用契約やクラウドに関する裁判では、どこの国の法律に基づいて考えればよいのでしょうか

a　準拠法とは何ですか

準拠法とは、法的な紛争などの当事者間の法律関係について、どこの法律に基づいて解釈されるのか、という問題です。

日本でこの点が問題となる場合においては、法の適用に関する通則法を検討すべきこととなります。

b　契約当事者間における準拠法の問題

(a)　契約書上の準拠法規定

国際取引においては、当事者によって準拠法を選択することが多いようです（法の適用に関する通則法７条参照）。国際取引において準拠法を定める場合、しばしば当事者間での対立があります。お互いによく知っている自国の法律、あるいは自分に有利になる法律を適用したい、と考えるからです。また、グローバル企業においては、契約書のフォームや約款を一元的に定めており、準拠法もそこで米国のある州（米国の法律は連邦法と州法がありますが、準拠法を指定する場合は州を指定することとなり、それにより各州で適用される連邦法も適用されることとなります）に統一されている、というような場合もあります。

なお、準拠法いかんにかかわらず、強制的にその国で適用される法規もあります。これは強行法規と呼ばれており、会社法や労働法の規定の一部、行政上の規制はこれに当たります。クラウドでいいますと、各国での電気通信事業に対する行政上の規制は、仮にあるとすれば、かかる強行法規に該当する可能性が高いと思われますし、プライバシーや個人情報保護に関する規制、消費者保護法も、そうなると思われます。このあたりはかなり細かくなりますので、ここではこれくらいにとどめます。

(b) クラウドのサービス事業者との契約においては準拠法の規定はどうなっていますか

それでは、クラウドを導入・利用する事業者とクラウドのサービス事業者の間では、どうなるでしょうか。

クラウドサービスはボーダーレス化し、そのサービス事業者も米国系の大手が多いため、準拠法については、特に注意しておく必要があります。この点、米国大手系のクラウドのサービス事業者においても、日本法を準拠法としている場合と米国の特定の州法を準拠法としている場合があるようです。

日本法を準拠法としている場合は、もちろん、日本法のもとで、サービス事業者との契約内容を検討し、リスク判断ができますので、クラウドを導入・利用する事業者としては、安心感があるかもしれません。サービス事業者としても、そのような安心感を利用者側に与えるために、日本法を準拠法とし、営業を推進しよう、という意図があるでしょう。

一方、米国の特定の州法など、外国法を準拠法としている場合は、このような安心感はありません。サービス事業者としては、自らの本拠がある場所でのよく知っている法律に従って契約書を解釈したい、あるいは全世界的に同じ準拠法にしておきたい、という意図があると考えられます。もっとも、上記(a)のいわゆる強行法規については、いずれにせよ適用されます。

c　第三者との間での準拠法の問題

(a)　第三者との間での準拠法が問題となるのはどのような場合ですか

クラウドのサービス事業者と利用者との契約においては、準拠法が定められているのが通常ですが、これは、いわば当事者間での決め事です。

一方、契約関係にない当事者間においても、準拠法が問題となることはあります。特にクラウドにおいては、データセンターが国外にあることが多く、サービス自体がボーダーレスな特徴を持っています。このような場合、管轄のところでの設例、つまり米国のデータセンターから日本の事業者に対して提供されているサービスについて、第三者との関係で問題があった場合（たとえば、著作権侵害や特許権侵害）、どこの国の法律が適用されるのか、という問題も発生しうるのです。

なお、契約当事者間において準拠法がない場合も、(b)以下に記載するような考え方で国際裁判管轄を決めることになりますが、クラウドのサービス事業者との契約では、準拠法の定めがあることが通常であるようですので、ここでは第三者との間での準拠法についてもっぱら検討します。

(b)　第三者との間での準拠法の考え方

上記のような契約関係にない当事者間における法律関係を決めるのは、それほど簡単なことではありません。現実には、裁判などになったときに、それぞれの国の裁判所で判断されるのですが、日本では、「法の適用に関する通則法」という法律に従って決めることとなります。

そして、たとえば不法行為については、以下の法の適用に関する通則法17条が適用されます。

（不法行為）

第17条　不法行為によって生ずる債権の成立及び効力は、加害行為の結果が発生した地の法による。ただし、その地における結果の発生が通常予見することのできないものであったときは、加害行為が行われた地の法による。

このように、不法行為においては、原則として結果発生地の法が準拠法になります。したがって、プライバシー権侵害や名誉毀損に基づく損害賠償請求においては、不法行為に基づくものといえますので、結果発生地の法が準拠法となると考えられます。

(c)　著作権侵害、特許権侵害の場合

この点、著作権侵害や特許権侵害の場合は、やや特殊です。

まず、著作権侵害についてみてみましょう。結論からいってしまうと、著作権侵害に基づく損害賠償請求については、不法行為として、法の適用に関する通則法17条が適用され、結果発生地の法に準拠する、と一般的には考えられています。一方、著作権に基づく差止請求については、ベルヌ条約５条２項の以下の規定を適用した判例があります（東京地判平16・５・31、判例時報1936号140頁）。

The enjoyment and the exercise of these rights shall not be subject to any formality; such enjoyment and such exercise shall be independent of the existence of protection in the country of origin of the work. Consequently, apart from the provisions of this Convention, the extent of protection, as well as the means of redress afforded to the author to protect his rights, **shall be governed exclusively by the laws of the country where protection is claimed.**

（和訳）これらの権利の享受および行使は、いかなる形式も必要ではなく、かかる権利の享受および行使はその著作物が創作された国と無関係である。結論として、この条約の条項に関係なく、保護の程度および自身の権利を保護しようとする著者に許容される救済手段は、**かかる保護が要求される国の法律に排他的に準拠する**ものとする。

ここでは、太字部分が重要です。準拠法は、「著作権の権利保護が要求される国の法律」（ただし、条約加盟国であることが前提）に準拠するのです。この「著作権の権利保護が要求される国の法律」の内容については、実は解釈が分かれるところですが、日本の裁判所で日本の著作権法に基づいて差止めを求めているような事案では、ほとんどの場合、「著作権の権利保護が要求される国の法律」は日本である、といえると思われます。

次に、特許権侵害の場合ですが、この点については、参考となる最高裁判例があります（最判平14・9・26、民集56巻7号1551頁）。この最高裁判例によると、損害賠償請求については、著作権侵害の場合と同様、不法行為であり、法例11条1項が適用される、とされています。当時は、法の適用に関する通則法が施行される前ですので、現在では、法の適用に関する通則法17条が適用され、原則として結果発生地の法が準拠法となる、と考えられます。

次に、特許権に基づく差止請求については、その法律関係の性質は、不法行為ではなく、特許権の効力であるとし、この件では、米国特許権の問題なので、米国特許法が準拠法である、としました。しかしながら、この件で問題となった米国特許法271条(b)、283条については、その内容が「法例33条にいう我が国の公の秩序に反するものと解するのが相当」として、米国特許法のこれらの規定の適用はない、としています。この判例に従えば、特許権の差止請求については、問題となっている特許権が登録された国の法律によることとなります。ただし、法の適用に関する通則法でも、42条に旧法例33条に相当する規定がありますので、仮に外国の特許法が適用、ということになっても、問題となっている規定を適用することが公序良俗に反しないか、という考察をすることとなります。

(d) クラウドとの関係ではどのようなことが考えられますか

(a)であげた設例について考えてみましょう。ここでは、データセンターは日本にはないのですが、サービスは日本向けであると想定しています。この場合、日本の居住者に対して、日本語のウェブサイト上でこのようなことが起こった場合は、プライバシー権侵害や名誉毀損という結果は、日本で発生したといえるでしょうから、日本法に準拠すると考えられます。

著作権侵害について、少なくとも損害賠償請求については、上記のとおり不法行為であり、法の適用に関する通則法17条の規定の適用がある、と考えられています。そして、損害が発生するのは、日本で、ということになると考えられますので、日本法に準拠するといえるでしょう。差止請求については、ベルヌ条約５条２項の「著作権の権利保護が要求される国」がどこかを検討することとなりますが、日本の著作権法に基づいて、日本の裁判所で請求をするのであれば、日本法に準拠する、といえるケースがほとんどと思われます。クラウドに関連して、このようなことを考察した判例はまだありませんが、データセンターが海外にあったとしても、日本向けのサービスで著作権侵害があるようなケースでは、ほとんどの場合は、差止請求、損害賠償請求ともに日本法に準拠すると考えてよいのではないでしょうか。

特許権侵害についても、損害賠償請求については、不法行為として、日本で結果が発生しているものについては、日本法に準拠することとなります（法の適用に関する通則法17条）。一方、差止請求については(c)で検討した最高裁判例からすれば、日本で登録された特許権に基づくのであれば、日本法に準拠する、と考えてよいでしょう。

3 クラウドとeディスカバリ

クラウドを導入していても、そこで保存されているデータはeディスカバリの対象となると思われます。

ここでは、クラウドとeディスカバリというタイトルで、クラウドがeディスカバリという米国訴訟における証拠収集手段にどのような影響を及ぼすか、ということを考えてみます。このことは、クラウド導入のリスク、というわけではなく、クラウドと裁判手続の関係から生じる法律的に興味深い問題点を考えてみる、というものです。以下に説明しますが、クラウドを導入しようがしまいが、eディスカバリの負担というものは、米国訴訟に巻き込まれると必然的に発生します。

(1) ディスカバリとは何ですか

ディスカバリ（Discovery）は、米国の訴訟手続における証拠収集手段です。米国訴訟は、おおまかにいいますと、訴状の提出に始まり、お互いのリクエストに応じて書面により証拠を開示し合い、証人となりうる関係者のデポジション（Deposition）をしたりして準備をし、トライアル（Trial）に向かいます。トライアルは、陪審員が選ばれる場合（Jury Trial）

と裁判官による場合（Bench Trial）がありますが、短期間のトライアル期間中に、それまで収集してきた証拠に基づいて分析したうえでの主張をし、それを立証するための証人尋問もしながら、陪審員評決、さらには判決に至っていくのです。もちろん、実務上は、多くのケースがトライアル前に和解で終了しますし、また、簡易裁判（Summary Judgment）や却下命令（Dismissal）により、このような実体審理を経ないで終了することもありますが、ここでは、実体審理のためにディスカバリをしているケースを想定します。

このように書きますと、いきなり耳慣れない外国の裁判用語がポンポンと出てきて、何だかイメージが湧かないかもしれませんが、外国の法廷ものの映画やドラマで、弁護士がかっこよく熱弁を振るっているのは、大抵トライアル、しかもJury Trialです。ここが、いってみれば映画やドラマだけでなく、実際の米国の裁判手続でもクライマックスなのですが、ここに向けての地道な証拠収集と準備があります。ディスカバリは、まさにそのような証拠収集のための手段なのです。

ディスカバリにおいては、事件に関連性を有するものは、原則として提出しなければなりません。例外として認められるものとしては、弁護士と依頼者との間の秘匿特権（Attorney-Client Privilege）や職務活動の成果の法理（Work Product Doctrine）があります。すなわち、弁護士と依頼者との間における法的なアドバイスについての通信は、弁護士と依頼者との間の秘匿特権として、提出しなくてよいこととなります。また、職務活動の成果の法理とは、訴訟を予想してその準備をしているような書面は、提出をしなくてよい、という法理です。訴訟準備段階におけるメモやデポジションに備えての証人の供述書などがこれに該当するでしょう。

ちなみに、実務的には、訴訟の当事者にとっても代理人となる弁護士にとっても、このディスカバリが大変な負担となります。リクエストする側としては、どのような書類があるのかわからないので、なるべく広い範囲でリクエストをします。これに対して、リクエストを受けた側は、関連しそうな書類を集め、そのなかから、弁護士と依頼者との間の秘匿特権などにより例外的に出さなくてよい書類を除外します。この作業が大変なのです。結果として、リクエストをした側は、膨大な書類を受領する、そしてその検討にさらに時間がかかる、ということがしばしばあります。

(2) eディスカバリとは何ですか

このディスカバリ制度は、陪審員制度と並んで米国訴訟の象徴といってもよいものなのですが、近年、書類の電子化が急激に進み、紙ベースの書類だけの証拠収集では実効性が伴わない状況になりました。そこで、判例上もかかる電子書類の証拠開示が認められてきていたのですが、2006年８月に、米国の連邦民事訴訟規則（Federal Rules of Civil Procedure）が改正され、電子書類もディスカバリの対象となることが明記されました。この電子書類のディスカバリのことを、Electronic Discovery

あるいはe-Discoveryと呼びます。

このｅディスカバリの導入により、ますます訴訟当事者のディスカバリにおける負担が増しました。電子データは物理的にも簡単に保存しておくことができ、訴訟に関連して、莫大な量のデータが保存されている場合もあります。また、ちょっとバージョンが違ったりするものがいくつもあったり、電子メールでもいろいろな人にCCをつけたりすると、それぞれのアカウントで保存されていたりします。冗談抜きに、訴訟によっては、ｅディスカバリの検討用にもらったデータを全部プリントアウトすると、トラック何台分かになる、といったことも聞かない話ではありません。

⑶ クラウドとの関係その１ ── ｅディスカバリの対象範囲

少しわかりにくいかもしれませんが、これは、以下のような論点です。クラウドを導入し、たとえば電子メールのデータが、クラウドのサービス事業者の管理するデータセンターにて保存されているとしましょう。このとき、このような電子データはｅディスカバリの対象となるのでしょうか。

上記のように、ディスカバリは、訴訟当事者間で証拠開示をし合う制度です。一方、第三者に対しては、このような広範囲にわたる文書の開示を請求できるわけではありません。クラウドのサービス事業者は、第三者ですので、第三者に対する文書提出のルールによるべきようにも思えます。

しかしながら、それではおかしなことになってしまいます。クラウドを導入してしまえば、ディスカバリで文書提出をしなくてよくなる、あるいは範囲が限定される、ということになってしまい、大変な不公平が起こりえます。また、「お互いに情報を開示し合って事実を発見しよう」というディスカバリ制度の趣旨をないがしろにもしてしまいます。

ですので、結論としては、このようにクラウドで保存されている電子データもｅディスカバリの対象として、開示義務があると考えるべきでしょう。

この点については、参考となる米国のミシガン州での2008年の判例があります（Flagg v. Detroit, 252 F.R.D. 346（E. D. Mich., 2008)）。

この判例では、被告が契約していた第三者である携帯情報端末に関するサービスを提供している会社にテキストデータ（テキストメッセージ）が保存されており、これを原告が開示するよう要求していました。この点については、第三者に当該電子データは保存されてはいるものの、被告のコントロール下にあり、したがって、被告は開示義務を免れない、との判断をしました。この判例からすると、クラウドサービスを使っている場合でも、通常は、情報管理については、自己のコントロール下にあるでしょうから、ｅディスカバリの開示義務を免れない、と考えるのが自然でしょう。

⑷　クラウドとの関係その２ ── ｅディスカバリへの対応

上記⑶で説明したように、クラウドで保存されている電子データもｅディスカバリの対象となりますが、その際、注意しておくべきことはあるでしょうか。

米国訴訟では、訴訟が合理的に予期される時点から、訴訟ホールド（Litigation Hold）といって、関連する文書を改ざん・破棄してはいけないルールがあります。紙ベースで保管している資料であれば、そのまま保持しておかなければならない、ということで、わかりやすいのですが、電子データの場合は、不注意で削除してしまったような場合も、過去に例があります。このような場合、関連する論点で不利な認定がされるなど、訴訟上非常に不利に働きますので、気をつけなければなりません。また、このようないわば事故を起こしてしまった場合、事後的に調査するコストもかなり高額に及んでしまいます。

このようなことを防ぐためには、電子データをしっかりと保存する体制を確認しておかなければなりません。まず、訴訟ホールドを、関係する役員、従業員の方に送り、周知徹底する必要があります。電子データ特有の問題としては、たとえば、定期的に古くなった電子メールを自動的に削除するようになっている場合があります。このような場合は要注意で、どこかにバックアップをとっておくか、かかる自動削除の機能を止める、といった対処が考えられます。もっとも、自前でシステムを構築している場合は、このような対処も比較的容易かもしれません。一方で、クラウドを導入している場合は、訴訟ホールドが必要となった後に、データの保全を確保するためには、導入しているクラウドのシステムを、訴訟が予期される段階で再度確認し、データがそのままの状態で保全されるかを確認しておく必要があります。場合によっては、クラウドのサービス事業者と個別に対処方法を話し合う必要があるでしょう。

COLUMN COLUMN

コラム⑤

中国という巨大市場

ご存じのとおり、中国は、ITの世界においても、巨大なマーケットです。インターネット人口も4億人を超え、世界で一番となっていますが、人口における普及率でいうと、30%ちょっとで、人口における普及率が約80%の日本や米国と比べると、まだまだ、インドと並んで伸びしろがある、といえるでしょう。

もっとも、ご存じの方は多いと思いますが、中国でのIT事情は特殊です。規制や検閲が厳しく、たとえば、ツイッターやユーチューブも閲覧することはできませんし、外資規制などにより、外国企業の中国でのITビジネスへの参入も容易ではありません。また、ツイッターなどが中東や北アフリカの民主化運動の強力なツールとして使われている状況から、ますます規制や検閲が厳しくなっているとも予想されます。このような市場ですので、これまでグーグルなどの大手のIT企業との間では検閲やサイバーアタックをめぐってさまざまな摩擦がありました。

一方で、中国国内では、急速にクラウドの利用が進んでいるようです。これには、中国の内陸部では、回線のインフラを整えるより、スマートフォンを普及し、クラウドの利用を進めたほうが手っ取り早い、という事情も関連しているようです。

このような特殊な事情のなかでも、中国という巨大なマーケットが放って置かれるわけがなく、現地の会社と組む、香港に拠点を構えるなどして、さまざまな会社が実質的に市場

に参入しています。また、日本のIT系企業の中国進出のニュースも流れており、IT業界における中国進出の動きがさらに加速すると思われます。もちろん、通信業界は特に規制が厳しいので、中国でIT関係のビジネスを行うためには、現地の弁護士のアドバイスが欠かせないでしょう。

第7章 知的財産権

1 著作権の問題

クラウドのサービス事業者も、ユーザーの著作権を侵害するような行為に対して、責任を負う可能性があります。その際、サービス内容を検討し、サービス事業者が、著作権侵害行為を管理支配しているといえるか、あるいはそこから利益を得ているといえるかを検討する必要があります。

(1) 著作権一般の説明

クラウドに関しての著作権についての問題を検討する前に、まず、著作権とはどのように発生するか、どのような権利なのか、簡単にみてみましょう。

a 著作権はどのような場合に発生しますか

著作権とは、著作物に対して発生する著作者の権利です(著作権法17条)。この著作物とは、著作権法２条１項１号に、

「思想又は感情を創作的に表現したものであつて、文芸、学術、美術又は音楽の範囲に属するものをいう」

と定義されています。そして、著作者は、著作権法２条１項２号で、

「著作物を創作する者をいう」
と定義されています。

まとめますと、「文芸、学術、美術又は音楽の範囲に属するもの」で、「思想又は感情を創作」すると、その創作したものに、著作権が発生する、ということになるのです。この創作性が重要な要件となります。

ここで、「文芸、学術、美術又は音楽の範囲」ですので、通常思い浮かべるのは、文学や芸術の分野でしょう。ただし、ソフトウェアも著作権で保護されることは、本章の「3　いわゆるオープンソースソフトウェア」で説明します。なお、「2　知的財産権の侵害に基づく差止めの問題」で述べる特許権は、産業の分野での技術的思想を保護するものです。したがって、著作権とは対照的なのですが、ソフトウェアを構成するプログラムは、両方で権利保護される可能性があります。

b　著作権はどのような権利ですか

著作権が発生すると、著作者は、著作権法上規定されている権利を持つことになります（著作権法17条）。当たり前のように思えますが、実は、これには裏の意味があって、著作権法に規定されていない権利は持たない、ということが重要なのです。この著作者が著作権を持つ、ということの意味ですが、第三者に対して著作権侵害を主張できる、ということにあります。たとえば、著作者は複製権を持ちますが（著作権法21条）、第三者が、何の承諾もなく、著作物を複製しようとする場合、原則としてそれをやめさせることができます。この、著作者がどのような権利を持っているかは、著作権法のなかで列挙してあります。一方、ここに列挙されていない権利は著作権として第三者に主張できません。たとえば、「著作物をみる権利」はありませんので、第三者が著作物を勝手に読んでいても、「やめてください」とはいえないのです。

また、一定の立場のものには、いわゆる著作隣接権が認められます。この点については、詳細には立ち入りませんが、著作権法の第４章（89条以下）で定められており、実演家や放送事業者が例としてあげられます。

c　例外はありませんか

一方、ここに列挙されていれば、何でもかんでも主張できるわけではなく、著作権法30条以下に「著作権の制限」が列挙されており、著作権者の承諾なくできることがあげられています。たとえば、「私的使用のための複製」は、著作権者の承諾なくできます。したがって、もっぱら自分で楽しむ目的で、ドラマや映画を録画することは、著作権者の承諾がなくても、勝手にできるのです。

なお、著作者は、著作権を譲渡することもできますが、その場合、譲受人が新たな著作権者、ということになります。

やや著作権一般についての説明が長くなりましたが、以下では、クラウドと関係して問題となる可能性があるところを検討してみます。

⑵ クラウドでは、どのようなことが問題になりますか ── 複製権

クラウドで問題となる著作権侵害としては、複製権（著作権法21条）の侵害、公衆送信権（著作権法23条）の侵害などが考えられますが、ここでは、最も典型的でわかりやすい複製権侵害について、まず説明します。

a　複製権がなぜ問題となるのでしょうか

「複製」とは、「印刷、写真、複写、録音、録画その他の方法により有形的に再製すること」とされており（著作権法２条１項15号）、電子的な記録としての有形的な再製もこれに含まれるものとなります。

クラウドでは、さまざまな情報が、クラウドのサービス事業者の管理するサーバーに保存されます。文書、画像、楽曲、プログラムなども保存（有形的な再製に該当します）されるでしょう。したがって、クラウド上での著作権を侵害するような複製も、存在することがありえますし、実際あるでしょう。

しかし、実際は、クラウドのサービス事業者がこれを逐一チェックするのは無理です。あくまで、これらのデータを保存しようとしているのは、クラウドを導入したユーザーであって、クラウドのサービス事業者ではありません。たとえば、GmailやYahoo! Mailなどで、グーグルやヤフーが逐一メールの内容や添付ファイルをチェックするようなことはありえないでしょう。

このようなことからすると、まず、クラウドのユーザーが、クラウド上で著作権を侵害して文書などを複製した場合に、著作権者からクレームを受けるのは、ある意味自業自得ですし、クラウドを使っていなくても同じように問題となることです。しかし一方で、問題となるのは、クラウドのサービス事業者が、このような場合に責任を負うのか、という点です。

b　クラウドのサービス事業者の責任

このような場合、クラウドのサービス事業者は、いわば著作権侵害の場、あるいは方法を提供しているのですが、一方で著作権侵害を促進しているものとも考えられます。そして、一定の場合には、著作権侵害の直接の行為者以外でも、著作権侵害の主体と認定されることがあります。これを著作権の「間接侵害」ということがあります。

この点については、「クラブキャッツアイ事件」と呼ばれる著名な最高裁判例があります（最判昭63・3・15、判例時報1270号34頁）。以下、この判例について簡単に紹介します。

この事件では、カラオケスナックで、店の経営者が楽曲の著作権者（あるいはその管理者）の承諾を得ることなく、楽曲をテープで再生し、お客さんがそれにあわせて歌を歌っていました。その経営者に対して、音楽著作権を管理している社団法人日本音楽著作権協会（JASRAC）が著作権侵害（具体的には演奏権。著作権法22条）で訴訟を提起した、という事件です。

ここでは、最高裁は、店が、①演奏行為を管理・支配しているかどうか、②営利のためになしているか、を検討したうえで、演奏権侵害を認めています。ポイントは、①カラオケ装置の備置きは店によってされ、そのうえで従業員が客に歌唱を勧め、従業員が装置を操作してテープを再生していた、という一連の行為から店が主体となって演奏をしていたといえること、②店が客の歌唱をも店の営業政策の一環として取り入れ、店の雰囲気づくりとそれによる集客につなげていた、というところにありました。なお、このように著作権の主体について、①管理支配性と②営利性の要件を検討して規範的にとらえる考え方を、このクラブキャッツアイ事件にちなんで、「カラオケ法理」ということもあります。

その後も、著作権の間接侵害については、この最高裁判例の枠組みに沿って判断していると一般的にはいわれています。ただ、この①管理支配性と②営利性の要件のうち、②営利性については、クラブキャッツアイ事件で問題となった演奏権では、営利性のない場合は著作権の制限を受ける（著作権法38条）ために必要とされた要件で、38条に定められていない権利（したがって営利性が必要とならない権利）については、この要件は不要である、という見解もあります。ただ、いずれにせよ、著作権を侵害する行為を管理支配しているか、という点は問題となると考えてさしつかえはありません。

なお、この著作権侵害の「主体」という議論とどのように関連するのか、という点については、必ずしも議論が整理されていないのですが、差止請求について定めた著作権法112条との関係で、著作権侵害の教唆・幇助を行ったものについて、著作権法112条に基づいて、差止請求を認められるかどうか、という論点もあります。つまり、著作権侵害の直接の主体は別にある場合でも、そのような侵害行為をそそのかしたり、助長したようなものに対して、差止請求を認める余地がある、ということです。この点については、最高裁レベルの判例はなく、下級審レベルの判例では、意見の対立があり（大阪地判平17・10・24、判例時報1911号65頁、東京地判平16・３・11（平成15年（ワ）第15526号））、まだはっきりとしたことはいえません。ただ、特に「幇助」という概念はかなり広く理解しうる可能性があり、著作権侵害の場を提供しているような場合でも、著作権法112条を類推適用して差止請求が認められる可能性があることには、注意しておかなければなりません。

c　クラウドについては、具体的にどう考えられますか

クラウドについては、多種多様なサービスが提供され、それに対するクラウドのサービス事業者の関与の程度もさまざまと思われますので、一概に、①管理支配性がある、あるいは②営利性がある、と結論づけることはできません。そのサービスの具体的な内容を検討し、分析していくよりほかはないでしょう。

ここでは、そのサービスによって複製される過程に、どの程度クラウドのサービス事業者が関与しているか、あるいはサービス事業者によってどこまで複製についてのシステムが構築されているか、という点がポイントとなるでしょう。

たとえば、ユーチューブは、動画を複製して公開し、検索シ

ステムまで備えて利用者に提供する、というシステムが構築され、管理されていますので、このような管理支配性もあり、日本では、著作権侵害の「主体」となるといわれてしまうリスクがあるものと思われます。もっとも、ユーチューブでは、著作権の包括的なライセンスの取得や、著作権侵害などの報告を受けた場合は、迅速に削除するなどして、これに対応しているものと考えられます。

また、ストレージサービスでは、参考になる判例があります。いわゆるMYUTA事件といわれる判例（東京地判平19・5・25、判例タイムズ1251号319頁）では、携帯電話向けの楽曲のストレージサービスが問題となりました。ここでは、原告が携帯電話向けの楽曲のストレージサービスであるMYUTAというサービスを始めるにあたって、著作権侵害差止請求権の不存在の確認を求めてJASRACを提訴したものです。この判決では、このストレージサービスでは、原告が、かかるファイルの複製に必要で、それがなければ複製が困難となるソフトウェアを提供し、3G2ファイルを複製し、保存するサーバーを管理するなどの複製の仕組みや管理状況を考慮して、複製行為の主体が、（ユーザーではなく）原告であるとしています。このように複製行為の主体が業者である以上、私的使用の例外と認められず、著作権の複製権侵害が認定されました。

これを現在のクラウドサービスに照らして考えてみると、「Amazon Cloud Player」のような楽曲や動画のストレージサービスについては、当然に複製を伴うものと考えられます。

したがって、ライセンスを取得できていない場合は、同様に複製権の問題が生じ、クラウドのサービス事業者が複製行為の主体であるかどうかを、複製行為の管理状況や複製の仕組みを考慮して判断することとなります。MYUTA事件では、サーバーの管理、3G2ファイルの作成に不可欠なソフトウェア等の仕組みの構築が重視されています。このように、仕組みづくり、管理行為にどこまで主体的に関与しているかがポイントですので、この点を検討することとなると考えられます。

一方、IaaSのように、インフラを提供しているにすぎない、という場合は、一般的には著作物を複製するような利用者の具体的な行為への管理支配性が薄く、以上のようなサービス事業者がリスクを負う可能性は低いと思われます。

いずれにせよ、ここは、明確な線引きはできませんし、いま、判例も動いている分野で、最新の情報のチェックが欠かせません。クラウド上で新しいシステム、新しいビジネスモデルをお考えのときは、専門家に相談なさることを強くお勧めします。

d　著作権侵害になった場合

著作権侵害と認定された場合、権利料相当額などの基準により算定された損害賠償請求が認められるでしょう。もっとも、より深刻なのは、差止請求です。差止めの結果、サービスが停止してしまうと、クラウドのサービス事業者のほか、著作権侵害と無関係であった、同じデータセンターを利用したサービスの提供を受けていたユーザーもあおりを食ってしまうことになりかねません。この点、通常想定されるクラウドサービスでは、仮に、たとえば複製権侵害がその場で起こったとしても、それは数多くいるユーザー、あるいは多種多様な利用形態のなかのごく一部ではないか、と思われます。そうすると、全部のサービスに対する差止め、あるいはサーバーの利用の差止めといった処分はやり過ぎで、複製権侵害のあるデータを削除する、といった措置で足りる場合が多いと考えられます。

この点は、上記のMYUTA事件や、後述(4)のまねきTV事件、ロクラクⅡ事件との違いです。これらの事件では、そのシステムのすべての複製などが問題となる、といってもいいケースです。たとえば、ロクラクⅡ事件では、ユーザーの操作によるすべての録画行為は同じように放送事業者の複製権を侵害する行為なのです。

e　私的使用に該当する場合

ユーザーの使用目的次第では、私的使用に該当する場合もあるでしょう（著作権法30条）。すなわち、クラウド上での複製をユーザーが私的に使用する目的で行った場合です。このような場合は、そもそもの複製が私的使用の目的ですので、その場を提供したクラウドのサービス事業者についても、間接侵害を問われることはありません。ただし、著作権法30条１項１～３号に、このような場合の例外も定められており、そのような場合は、結局、合法的な私的使用と認められません。ここでは詳細には立ち入りませんが、高速ダビング機のような「公衆の使用に供することを目的として設置されている自動複製機器」については、このような例外に当たり、結局私的使用と認められず、著作権の複製権侵害となります。クラウドでも、このような機器がソフトウェアなどのかたちで提供されており（ファイル交換用のソフトウェアなどが該当するでしょう）、それを使用して複製がなされているような場合は、ユーザー自身が私的に使用する目的を持っていたとしても、私的使用の例外に該当し、クラウドのサービス事業者も責任を問われるおそれがありますので、注意が必要です。

(3) クラウドでは、どのようなことが問題になりますか ―― 公衆送信権

a 公衆送信権がなぜ問題となるのでしょうか

著作権法23条により、著作者は、「公衆送信（自動公衆送信の場合にあっては、送信可能化を含む。）を行う権利を専有する」とされていますが、そもそも「公衆送信」とは、著作権法２条１項７号の２に以下のように定義されています。

> 公衆によつて直接受信されることを目的として無線通信又は有線電気通信の送信（電気通信設備で、その一の部分の設置の場所が他の部分の設置の場所と同一の構内（その構内が二以上の者の占有に属している場合には、同一の者の占有に属する区域内）にあるものによる送信（プログラムの著作物の送信を除く。）を除く。）を行うことをいう。

何だか読みづらいですが、放送やインターネット上での送信など、「公衆」に向けた送信のことです。ここでの「公衆」は不特定または多数の人、とされていますので、特定かつ少人数間での電子メールの送信やクラウド上のファイルのシェアなどはこれに該当しませんが、不特定の人が閲覧可能性のある送信行為や、特定であっても多数の人に対する送信行為であれば、「公衆送信」に該当することとなります。

ここで、「（自動公衆送信の場合にあっては、送信可能化を含む。）」という部分ですが、自動公衆送信は、これまた著作権法２条１項９号の５で定義されています。これは、いわゆるウェブサイト上でのインタラクティブ送信のことです。この場合、いつ送信されたかを特定することが困難な一方、自動公衆送信ができる状態にデータが準備されるなどすれば、いつでも送信されえますので、いわば準備行為としての送信可能化行為も「公衆送信」に含め、著作者の権利保護を図ったのです。

少し前ふりが長くなりましたが、公衆送信権は上記のような権利です。そして、もうおわかりかと思いますが、クラウドを利用している場合でも、文書、画像、楽曲などのデータが保存され、だれでもアクセスできる状態になれば、「自動公衆送信」について「送信可能化」されたといえますので、公衆送信権の侵害が問題となるのです。

b　クラウドについては、具体的にどう考えられますか

クラウドのユーザーが文書、画像、楽曲などのデータを保存した場合、まずはそれが「公衆送信」（そのうち、特に送信可能

化行為）に当たるかどうか、を検討することとなります。この点、ポイントは、受け手が「公衆」、つまり不特定または多数の人であるかどうかです。アクセス制限などの措置によって、特定かつ少数の人のみがアクセスできるようになっていれば、「公衆送信」ではないと考えられます。

公衆送信に該当する、となった場合に、クラウドのサービス事業者としてどのような責任があるかが問題となりますが、この点は、複製権侵害の場合と同様に、①管理支配性があるかどうか、②営利性があるかどうかを検討することとなります。この点は、(4)の「まねきTV事件」が公衆送信権についての判例ですが（一方、「ロクラクⅡ事件」は複製権についての判例です）、かなり規範的にとらえられていますので、注意が必要です。

なお、著作権侵害の場合の効果（差止めなど）、私的使用に該当する場合についても、複製権について、(2)dおよびeで検討したことが当てはまると考えられます。

(4) 直近の最高裁判例 ── 「まねきTV事件」と「ロクラクⅡ事件」

平成23年1月に、相次いで、「まねきTV事件」（最判平23・1・18、判例時報2103号124頁）と「ロクラクⅡ事件」（最判平23・1・20、判例時報2103号128頁）についての最高裁判決が出され、いずれも著作権侵害を否定した知的財産高等裁判所の判決を破棄し、知財高裁に差し戻しました。これらは、いずれも本章1(1)〜(3)で検討した著作権侵害の問題、特に著作権侵害の主体、あるいは間接侵害の問題について、今後大きな影響を及ぼす判決です。

両判決では、いずれも、海外などの遠隔地でも、日本のテレビ番組（特に首都圏で放映されているテレビ番組）をみることができるような仕組みが問題となりました。これらの事件では、知財高裁では著作権侵害が認められなかったのですが、最高裁で知財高裁の判決が破棄され、差し戻されたのです。最高裁は、いずれも、「複製」あるいは「公衆送信」の主体がだれか、という議論を規範的にとらえており、いわゆるカラオケ法理がまだ生きていることを示しています。以下、簡単にその中身についてみて、そのうえでクラウドとの関係でどのようなことが考えられるかについても検討してみましょう。

a　まねきTV事件

本件は、全国ネットの放送事業者がまとまって（A社らといいます）、「まねきTV」というサービスを提供していた会社（B社といいます）を、このサービスがA社らの著作権を侵害するとして、サービス提供の差止めと損害賠償を請求して訴えた、という事件です。

ここで、このサービスの概要ですが、B社は、ユーザー所有の機器をB社の事務所内に設置し、利用者が海外等からインターネットを通じてテレビ番組を視聴することができるようにするサービスを提供していました。ここで、この機器（判決ではベースステーションと記載されています）は、各ユーザー専用のものであり、各ユーザーが所有するものでした。このベース

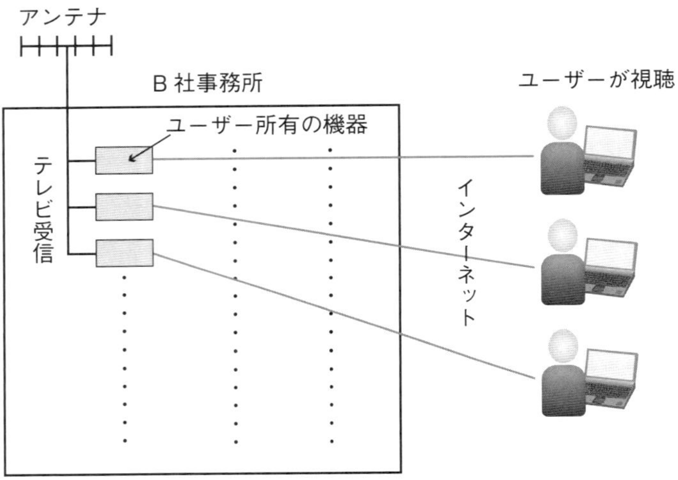

ステーションはテレビアンテナと接続されて放送を受信し、それをデジタルデータ化し、かつインターネットとも接続されていました。このベースステーションにインターネット経由でアクセスして、各ユーザーは自分の端末機器でテレビ番組を視聴していたのです。

このサービスについて、知財高裁は、結論としては著作権侵害を認めませんでした。

一方、最高裁は、送信可能化権（著作権法99条の2）、公衆送信権（著作権法23条1項）の侵害を認めたうえで、本件を知財高裁に差し戻しました。ここでは、ユーザーではなく、B社を送信の主体としています。ユーザーが主体であれば、1対1の送信ですので（自ら所有のベースステーションから端末への）、

「公衆」送信ではありません。しかしながら、ここでは、B社が自ら管理する事務所内において、テレビアンテナとベースステーションを接続し、放送を継続的に受信できるようにしていたことなどを指摘し、主体をユーザーではなくB社としています。B社からすると、だれでも申し込んでユーザーとなりえますので、ユーザーは不特定多数になる、として、送信可能化権および公衆送信権の侵害を認めています。

b　ロクラクⅡ事件

この事件も、全国ネットの放送事業者がまとまって（C社らといいます）、「ロクラクⅡ」というサービスを提供していた会社（D社といいます）を、著作権を侵害するとして、サービス提供の差止めと損害賠償を請求して訴えた、という事件です。

ここで、サービスの概要です。基本的な構造はまねきTV事件と似ていますが、ここでは、D社は録画転送サービスを提供しています。D社は、ユーザーに対し、D社所有の親機と子機と呼ばれている機器を有償でユーザーに貸与します（子機は販売もあったようです）。親機はD社の管理・支配下にあり、そこで録画できる環境を整えており、ユーザーは子機を操作して、インターネット経由で録画操作をし、そこからデータの送信を受け、再生して視聴することが可能となっていました。

ここでは、公衆送信権や送信可能化権ではなく、「録画」という複製行為自体が問題となりました。そして、複製の主体がユーザーであれば、私的使用（著作権法30条）として合法なのですが、最高裁は、そのように判断した知財高裁の判決を破棄

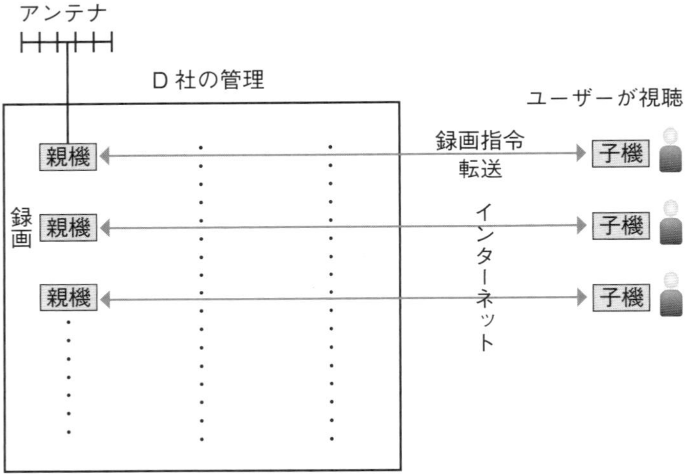

し、差し戻しました。

ここでも、最高裁は、まねきTV事件と同じく、親機の管理などについてのD社の役割を指摘したうえで、複製の主体をD社としました。

c　2つの事件をクラウドについて考えてみるとどうなりますか

以上2つの最高裁判決は、平たくいえば、著作権の権利者側に有利な判決です。一方で、新しい仕組みをつくってサービスを提供していた事業者側には不利な判決といえるでしょう。

これらの判決で問題となったサービスは、インターネット経由のサービスではあるものの、各ユーザー専用の機器を用意するもので、必ずしもコンピュータリソース（サーバー、ストレージ、アプリケーションなど）を共有化しているわけではなく、厳密には、本書で「クラウド」と定義するところのクラウドについての判決ではありません。しかしながら、著作権侵害の主体、あるいは間接侵害についての判断基準について、今後の実務に大きな影響を及ぼすものであることは間違いありません。クラウドのサービス事業者も、一定のレベルでは、著作物の複製や公衆送信の場を提供し、貢献することになります。クラウドのサービス事業者の提供するサービスに対して、著作権侵害の問題が生じたとき、「まねきTV事件」と「ロクラクⅡ事件」の最高裁判決が影響を及ぼす可能性は少なくないのです。したがって、クラウドサービスについても、今後はこれらの判決をふまえた検討が必要でしょう。

また、ユーザーサイドでも、サービス内容によっては、このような著作権侵害が認められた場合、使っているサービスに対して著作権侵害に基づく差止請求が来る、というリスクがある、すなわちサービスが停止してしまうリスクがある、ということは認識しておく必要があります。

もう少し具体的に考えてみましょう。まねきTV事件でも、ロクラクⅡ事件でも、最高裁は、最終的にだれが視聴する番組、あるいは録画する番組を決め、端末や子機を操作していたのか、ということについてよりも、むしろ、ベースステーションあるいは親機の管理、さらには全体的な仕組みの管理をだれがしていたのか、ということを重視しています。クラウドでも、類似の構造となる可能性がおおいにあります。たとえば、複製したりするファイルを決定するのはユーザーであっても、保存先のサーバーを管理していたり、大枠の仕組みを構築しているのはクラウドのサービス事業者といえるようなサービスはあるのではないでしょうか。さらに詳細な管理態様などは、事例ごとの判断と思われますが、このような場合に、著作権の複製権や公衆送信権が問題とされるリスクはあるといわざるをえません。

2 知的財産権の侵害に基づく差止めの問題

知的財産権の侵害に基づく差止めの問題は、現状ではあまり大きなリスクではありませんが、将来的にはわかりません。

(1) どのような問題点でしょうか

「知的財産権の侵害に基づく差止めの問題」といわれても、ピンと来ない方も多いかもしれませんので、まずは具体例をあげてみます。

たとえば、A社が、クラウドのサービス事業者であるB社と契約してクラウドを導入していたとしましょう。このB社のデータセンターで使用している技術のなかに、C社の特許権の侵害があったとしましょう。このとき、C社がB社に対して特許権侵害を主張するとしましょう。

このような場合、C社は、B社に対して、もちろん、損害賠償を請求します。これは、A社には直接の影響はありません。これに加えて、C社が、特許権のこれ以上の侵害を止めるために、B社に対してデータセンターの使用の差止めを求めることも、場合によっては可能です。このときが問題なのです。B社

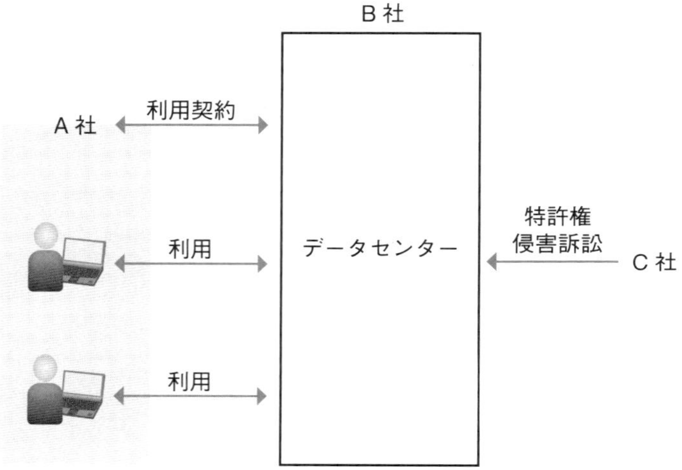

のデータセンターを使用できないあおりを食って、A社へのサービスの提供ができなくなってしまうおそれがあるのです。

特許権以外でも、技術的なことについて、営業秘密を侵害した、という訴えもありえますし（日本ではあまりありませんが、米国ではこのような訴訟は割とポピュラーです）、ソフトウェア関係で著作権侵害を主張する、ということだってありえます。ただ、ここでは、特許権がいちばんわかりやすいので、それを前提としましょう。

(2) リスクとしてどのように考えればよいでしょうか

このようなリスクは、何もクラウド特有のものではなく、レンタルサーバーでもありうることです。筆者の知る範囲では、いまのところ、クラウド技術に関連して特許訴訟が起こり、このようなリスクが顕在化したという事例はなさそうです。しかし、今後、クラウド絡みの特許訴訟のリスクは増大していくと思われます。特許電子図書館（http://www.ipdl.inpit.go.jp/homepg.ipdl）で検索したところ、「クラウドコンピューティング」または「クラウド・コンピューティング」を特許公報全文中に含む特許出願で公開されているものは83件（平成23年７月12日時点）で、すべて平成20年以降の出願です。クラウドの普及促進がなされている最近の動きとあわせ、特許出願も増えているのです。日本の特許庁の実務を考えると、そのほとんどは、特許登録まではまだしばらく時間がかかると思われますが、いずれ登録されるものが出てきます。また、この検索では、単に「クラウド」と称しているものや、「クラウドコンピューティング」または「クラウド・コンピューティング」という用語は使わなくても、データセンターの構造や仮想化技術に関するものについては、検索結果として含まれていません。したがって、クラウド関連の技術で特許出願をしているケースはまだほかにたくさんあると思われます。このような状況を考えると、日本では、クラウド関連の技術について、現時点では特許登録まで至っていないので、特許訴訟は起こっていませんが、将来、そのかなりの割合が登録に至る時期が来たときに、一斉に特許訴訟のリスクが高まる可能性がある、と考えます。また、米国などでも、対応する出願がなされているとしますと、データセンターが所在する各国でこのようなリスクが将来的に大きく高まる、と考えておいたほうがよいかもしれません。

もっとも、仮に特許訴訟が起こったとしても、(1)の設例のA社まで影響が及ぶか、という点は、また別の問題です。この点は、まさにケースバイケースとしかいいようがありませんが、日本での実務を前提とすると、いきなり差止命令なり使用差止めの仮処分が発令される、ということは考えなくてよいでしょう。特許訴訟は、通常は、1年程度は時間がかかりますし、仮処分（訴訟の結論が出る前に仮の命令を出してもらうものです）を申し立てたとしても、1週間や2週間では簡単に命令は出ません。月単位で時間がかかるのが通例です。したがって、サービス事業者としても、絶対にその特許権を侵害しないと思われるデータセンターに移管するなど、その間に十分に対応ができるはずです。

なお、データセンターの所在地は日本であるとは限りません。いろいろな国で、さまざまなスピード感で手続が進められると考えられますので、この点は、気をつけておいたほうがよいでしょう。

これから、クラウドがますます普及していくと、それに関する技術の革新もあるでしょうが、それと同時にその技術に関連して特許を取得しよう、という動きがますます加速していくと思われます。その技術を開発した会社にアドバイスする弁護士、という立場に立ってみますと、たとえば、クラウドのデータセンターで使用する技術であれば、そのデータセンターが多く所在している国で特許権を取得することをお勧めするでしょう。あるいは、国際出願をし、そのような国での手続も進めるかもしれません。

現状では、大きく取り上げられているリスクではありませんが、将来的には注意が必要でしょう。

(3) 対処策はありますか

まず、クラウドサービスを利用している側からすると、常にバックアップがあるか、ということは意識しておいたほうがよいかと思います。「特許権」ということだけを考えると、違う国であることが望ましいですが（特許権は国ごとで与えられている権利ですので、違う国ではそれに対応する特許がないことも考えられます）、情報セキュリティの問題、カントリーリスクの問題もあるので、一概にはいえないでしょう。

いずれにしても、この問題は、起こってからの対処が重要です。クラウドのサービス事業者がこのような訴訟に巻き込まれた場合、リスクの分析、万が一差止命令が出た場合に備えての移管の準備などを進めなければならないのですが、その際、クラウドのサービス事業者から情報が提供されなければ、対応が遅れてしまいます。そのようなこと（問題が起こった場合の情報提供、対処）を、導入するクラウドのサービス事業者とあらかじめ相談して、できれば契約書に入れておいたほうがよいと考えられます。

クラウドのサービス事業者の立場からすると、自らが提供しているサービスが停止してしまうのですから、これは発生したときの影響が非常に大きなリスクといえるでしょう。このようなリスクを回避するためには、基幹的な技術については、大手のクラウドのサービス事業者の間で標準化・規格化の動きが出てくるかもしれません。そうして、それに関する特許を集め、クロスライセンスをして、お互いに特許権侵害のリスクなく使えるようにするのです。もっとも、そうなると、独占禁止法の問題も起こりえますが、この点は、現状からはかなり離れる話ですので、ここでは割愛します。

3 いわゆるオープンソースソフトウェア

オープンソースソフトウェアでは、みんなで利用し、改良していく、という発想でソースコードが公開されています。

広く使われているライセンス条項として、GPLがあります。

(1) オープンソースソフトウェアとは何でしょうか

オープンソースソフトウェアとは、ソースコードが公開されたソフトウェアのことです。代表的なものに、リナックスのオペレーティングシステムがあります。

通常、ソフトウェアの開発では、人間がソースコードを書いていくのですが、これをコンピュータが実行するのに適した形式であるオブジェクトコードに変換したのがオブジェクトコードです。

ソースコードが公開されていることにどのような意味があるかといいますと、人間が解読可能である、というところにあります。オブジェクトコードは公開されることはあっても、通常は人間による解読がきわめて困難ですので、プログラムにあるノウハウ、営業秘密といったものが読み取られることはありません。しかし、ソースコードが公開されると、そういったものが読み取れる、ということになります。ソフトウェアの開発には、当然、費用がかかります。それをただ乗りされるのは困る、というのが従来からの発想です。そして、投下資本を回収するべく、通常は、ソフトウェアをライセンスする際は、なるべくそこにあるノウハウ、営業秘密を守るためにソースコードを秘密にし、有償でライセンスする、といった方法でビジネスが行われていました。

一方、ソースコードが公開された場合は、大雑把にいうと、ユーザーも含めてバグ潰しなどの情報をシェアすることにより、ソフトウェアのアップグレードを、いわばみんなでしていく、というような発想になるでしょうか。その収益モデルについては、必ずしも一様ではないのでしょうが、①オープンにしてみんなが使いやすくする、②そうすると便利になり利用者が増える、③そうするとビジネスチャンスが広がる、というのが、基本的な発想です。

(2) クラウドとオープンソースソフトウェアとはどのような関係がありますか

では、クラウドとオープンソースソフトウェアはどのような関係にあるのでしょうか。

実は、これについては、特に論理的な関係がある、というわけではありません。クラウド上のサービスが、オープンソースソフトウェアである必要はありませんし、オープンソースソフトウェアが必ずクラウドで使われなければならない、ということでもありません。

ただ、オープンソースソフトウェアとクラウドの双方がITの世界でも比較的新しい流れであることと、クラウド上のサービスでオープンソースソフトウェアが目立ってきている、といったいわば「傾向」があります。特に、クラウドビジネスの雄であるグーグルが、オープンソースソフトウェアも戦略として掲げていることから、このような傾向が目立っているように思います。

したがって、今後、クラウドを導入し、あるいはクラウドビジネスを行うにあたっては、オープンソースソフトウェアとはいかなるものか、あるいはどのような権利関係に注意しないといけないのか、ということを理解しておいて損はありません。

(3) オープンソースソフトウェアの権利関係

ソフトウェアを構成するプログラムにおいては、もちろん、「創作性」などの著作権法上の要件を満たす必要はありますが、ソフトウェアを開発した人や会社に著作権が発生しえます（著作権法２条１項10号の２、６条、10条１項９号）。一方で、ソフトウェアに関して特許権を出願し、取得することも可能ですが（特許法２条３項１号、２条４項）、著作権によりソフトウェアの盗用などに対して保護を求めていこうとするほうが、よりポピュラーです。

このように著作権や、場合によっては特許権を主張することにより、ソフトウェアを開発した会社や人、あるいはそこから権利を買い受けた人は、ロイヤルティを得ようとするのが従来からのビジネスのやり方でした。オープンソースソフトウェアでは、この点どうでしょうか。

そもそも、ソフトウェアのプログラムをわかるかたち（ソースコード）でオープンにするわけですから、著作権などの権利放棄をして、自由に使わせているのかというと、一般的にはそうではありません。著作権を維持したうえで、みんなに使ってもらっています。すなわち、その著作権の発生しているプログラムを自由に複製したり、改変したり、頒布したりできるようライセンスしているのです。そして、(1)で説明したとおり、オープンソースソフトウェアのユーザーはこれを改良していきます。実は、このとき、この改良版が二次的著作物になりえます（著作権法２条１項11号)。そして、改良したユーザーがかかる二次的著作物の改良部分の著作権者になります（ただし、原著作物であるもともとのプログラムについての著作権が消えるわけではありません)。このとき、せっかく改良したのに、このユーザーが二次的著作物についての自己の著作権を主張すると、みんなで使えない、ということになってしまいます。そこで、オープンソースソフトウェアの原著作権者が、あらかじめ各ユーザーに対して、このような二次的著作物が発生した場合でも、改良されたソースコードを公開してもらい、自分や他のユーザーに対して自由に使わせるように約束させておく、ということがされています。このような約束に違反した場合は、原著作権者からのライセンスが失効し、著作権侵害で訴えられる、ということにもなりかねません。このような手法は、著作権（copyright）という権利を逆手にとったようなやり方ですので、コピーレフト（copyleft）と呼ばれることもあります。

このようなオープンソースソフトウェアのライセンスでは、GNU General Public License（GPLと呼ばれています）というライセンス条項が、リナックスをはじめ多くのオープンソースソフトウェアにおいて採用されています。ここでは、詳細には立ち入りませんが、興味のある方は、以下のウェブサイトをご覧ください。

http://www.gnu.org/licenses/gpl.html

4 クラウドと営業秘密

クラウドを導入・利用する際、営業秘密の要件のうち、秘密管理性に特に注意する必要があります。

(1) はじめに

営業秘密と聞くと、何を思い浮かべるでしょうか。典型的には、顧客リストがあります。あるいは、秘中の秘のレストランのレシピもそれに該当しえます。営業秘密は、不正競争防止法２条６項に以下のように定義されています。

> この法律において「営業秘密」とは、秘密として管理されている生産方法、販売方法その他の事業活動に有用な技術上又は営業上の情報であって、公然と知られていないものをいう。

このように、「営業秘密」といえるのは、

① 秘密として管理されており、
② 事業活動に有用な技術上または営業上の情報であって、
③ 公然と知られていない

ものです。この３要件を、それぞれ、①秘密管理性、②有用性、③非公知性といいます。

この「営業秘密」は、企業のノウハウや事業の過程において頑張って集めた情報を保護するために、営業秘密の侵害に対しては、損害賠償や差止めが認められています。そして、このような、ノウハウや情報を保護する、という趣旨を考慮して、しばしば知的財産権の一つとしてあげられ、営業秘密の侵害を主張するような事件は、東京地方裁判所では、知的財産部に係属することとなります。

「営業秘密」とし、公開しないでおくと、上記の要件を満たす限りは「営業秘密」として永遠に保護されうる、という利点があります。仮に特許出願してしまうと、出願より20年に権利保護の期間が限られ、その後は公開情報となるのですが、それとの対比で、利点があります。一方で、「営業秘密」の侵害による損害賠償を請求するにあたっては、上記の３つの要件や故意・過失（不正競争防止法４条）の立証が必要ですが、特許においては、権利登録があるので、権利性の立証は比較的容易ですし、公開されていますので、通常は過失があるといってよいです（もっとも、特許訴訟にもいろいろと問題はありますが、ここでは話が脱線し過ぎますので、この程度にとどめます）。特許として公開のうえ、権利行使していくか、「営業秘密」として「秘密性」を保持し続けるかは、その会社の戦略の問題といえるでしょう。ちなみに、この点でよく大学の講義などで取り上げられる営業秘密は、コカ・コーラのつくり方に関するものです。

ここでは、コアな部分のノウハウが、特許出願されず、厳格に秘密として長期間保持されており、それが戦略として成功している、といえるでしょう。

(2) 営業秘密とクラウド

ここで、営業秘密の要件のうち、クラウドを導入し、そのデータの保存・管理を第三者に任せると、①秘密管理性がなくなるのでないか、という疑問が湧いてきます。ちょっと心配し過ぎだと感じられるかもしれませんし、「クラウドを導入したら営業秘密じゃなくなるんじゃあ、クラウドでデータの保存なんてできないよ」と思われる方もいらっしゃるかもしれません。しかしながら、経済産業省の出している「営業秘密管理指針」(http://www.meti.go.jp/policy/economy/chizai/chiteki/pdf/hontai0409.pdf) をお読みになれば（特に第３章の「営業秘密を保護するための管理の在り方」)、営業秘密の管理は、かなり厳格になされなければならない、ということがわかり、このような心配も理解できるのではないかと思います。

この営業秘密管理指針では、クラウドについて意識した記述はなく、技術的な管理に関して、インターネットに接続しないことが推奨されています。また、判例でも、営業秘密を管理していたパソコンをインターネットにつないでいないことが、秘密管理性を認める一つの根拠となったものもあります（東京地判平17・６・27（平成16年（ワ）第24950号))。

一方、クラウドでは、そもそもインターネットの利用が前提となっていますし、秘密管理のための手段も、サービス事業者のセキュリティ対策によっている、という側面もあります。具体的には、このようなことから、秘密管理性がないのではないか、という疑問が湧くのです。

この点については、クラウドを導入し、データ保存を委託しているから、必ず営業秘密でなくなる、という単純な話ではないと考えられますし、会社の規模やクラウドサービスの内容もさまざまですので、一律にどのような管理をすればよいか、ということもいいづらいところがあります。結局は、実質的に第三者からのアクセスがどれだけ困難であったか、どのような秘密保護のための手段がとられていたか、といったことを総合的に判断すると考えられます。具体的には、ファイルにパスワードをかけたり、暗号化しておくことは必須でしょうし、そこにアクセスできる社内の役員、従業員も必要な範囲に限定しておくべきです。また、そのファイルの頭に「極秘」などと記載して、秘密書類であることを明確にする、といった処置も必要でしょう。

いずれにせよ、「営業秘密」の要件や、これまでの判例は、クラウドのようなものを想定していたものではないため、ここは、むずかしい問題点です。もちろん、クラウドを導入し、データを移管したから営業秘密がすべてなくなった、というのではたまったものではありませんが、一方で、必要な措置をとっておかないと、インターネットの利用が前提となっているわけですから、秘密管理性を満たさず、営業秘密でなくなってしまう、ということは十分に注意しておくべきです。もちろん、営業秘密のなかでも特に重要なもの、たとえば技術上きわめて重要なノウハウなどについては、クラウドにより移管される電子データに含めず、自前で外からのネットワークから遮断して管理する、というのが安全策としてはお勧めできます。

なお、営業秘密が保存されるとなると、情報セキュリティ上の心配も増しますが、これについては、第３章で、情報セキュリティ全般について考えましたので、ここでは割愛します。

COLUMN コラム⑥ COLUMN

クラウド型音楽サービス

平成23年に入って、相次いで、米国のアマゾン、グーグル、アップルのクラウド型音楽サービスについてのニュースが流れました。クラウド型音楽サービスは、クラウドを利用して音楽の保存・再生をするサービスです。

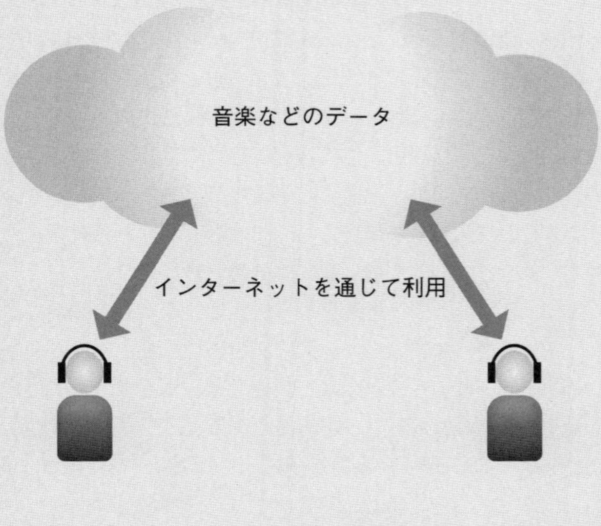

このように、データセンターに音楽を保存しているので、さまざまな端末を利用して、適宜音楽を楽しめるのです。このクラウド型音楽サービスは、次世代音楽サービスの本命といわれてきましたが、ここに来て、IT業界の大手が相次いでこれを進める動きをみせています。

もっとも、このようなサービスを行うにあたっては、米国でも、レコード会社からライセンスを取得しなければ著作権侵害のリスクが高く、それぞれレコード会社とライセンス取得の交渉をしてきたようです。現在のところ、ニュースで流れている限りでは、アップルはEMI Music、Sony Music、Warner Music、Universal Musicといった大手のレコード会社とのライセンス契約を締結したようです。一方、アマゾンとグーグルは、大手のレコード会社と、まだライセンス契約を締結していないようです。そのなかでの見切り発進ですので、サービスも個人がすでに持っている「music library」を保管する、というものを中心としています。

もっとも、まだ事態は流動的で、今後どのようなサービスが提供されていくのか、音楽業界はどのように対応していくのかについて、しばらくは推移を見守っていかなければならないでしょう。また、米国では早速クラウド型音楽サービスについての判例も地域レベルでは出始めており、今後のビジネスのあり方に影響を与えていきそうです。

なお、このクラウド型音楽サービスは、日本での提供については、まだ具体的なニュースはありませんが、もし、日本で提供する、ということになった場合は、本章1で検討した判例（特にMYUTA事件）を前提とすると、ライセンスがない限り、かなりシビアな著作権法上の問題を有すことになる、といわざるをえませんので、サービス提供者は、ライセンス取得を前提とすると思われます。

第8章 クラウドのサービス事業者との契約

1 クラウドのサービス事業者との契約では、どのようなことに注意すべきでしょうか

クラウドのサービス事業者との間で導入・利用についての契約をするときは、内容をしっかりと検討し、把握することが重要です。

ここでは、クラウドを導入する事業者（本章ではユーザー会社といいます）とクラウドのサービス事業者の間の契約について考えてみましょう。「クラウドコンピューティングサービス利用契約」などと呼ばれる契約です。

この契約は、クラウドサービスを導入し、利用するにあたって、ユーザー会社とクラウドのサービス事業者の権利・義務を定めるものです。具体的なサービス内容を特定し、クラウドのサービス事業者からユーザー会社にどのようなサービスが提供されるのか、それに対して、ユーザー会社からクラウドのサービス事業者にいくらの対価が支払われるのか、といったことを中心に、ユーザー会社とクラウドのサービス事業者の権利・義務について定められているのです。

したがって、ユーザー会社としては、提供されるサービス内容や、それに付随するさまざまな権利・義務、何か問題が生じたときの処理などについて、きっちりと検討すべきです。クラ

ウド導入を決定する前に、このような契約内容を理解し、既存のシステムと比較したり、他のクラウドのサービス事業者の契約内容とも比較しながら検討できればよいでしょう。

このクラウド導入・利用の契約については、もちろん、ユーザー会社の側で検討のうえ、合意できないところはクラウドのサービス事業者に修正や削除の要請をしていく、というプロセスが考えられます。ただし、現実には、大手のクラウドのサービス事業者では、一方では、同じサービスについてはユーザーを画一的に取り扱うという要請もあり、画一的な利用契約の文言を用意し、ほとんど修正・削除に応じる可能性のないような場合もあります。たとえば、オンライン上で利用契約の文言を載せ、クリックして契約を締結するような場合は、これに当たるでしょう。ただし、ユーザー会社も大会社で、システム構築にクラウドを利用する、という場合、あるいは一定の部分でカスタムメイドの性質を持つような場合は、個別対応となると思われますので、このような修正・削除の余地も出てくるでしょう。

2 契約の内容ではどこに注意すればよいでしょうか

クラウドのサービス事業者との間でクラウドの導入・利用についての契約をするときは、SLA、クラウドのサービス事業者の責任制限、サービス停止時の対応などについての諸規定が特に重要です。

以下では、いくつか具体的な問題について検討してみましょう。クラウドのサービス事業者との間で導入・利用についての契約をするときには、特に以下の条項に気をつけるべきと考えます。

(1) ＳＬＡ

SLAとは、「Service Level Agreement」のことです。後述⑽であげる経済産業省の「SaaS向けSLAガイドライン」では、SLAについて、

「SLA（Service Level Agreement）は、提供されるサービスの範囲・内容・前提事項を踏まえた上で『サービス品質に対する利用者側の要求水準と提供者側の運営ルールについて明文化したもの』である」

としています。このように、ユーザー会社からすると、自らに

提供されるサービスの範囲・内容などを定めるものですので、まさにクラウドの利用契約の中核といってよいでしょう。

クラウド利用契約書の本体にサービス内容として記載してもよいのですが、通常長文になりますので、別にSLAとして合意され、あるいはクラウド利用契約書に添付される形式をとることが多いでしょう。

どのような項目がSLAに含まれるかについては、「SaaS向けSLAガイドライン」の別表にモデルケースがあり、SaaSのケースだけですが、見やすいかたちでまとめられていますので、ご一読なさることをお勧めします。いくつか例をあげると、運用面では、サービス時間（24時間365日）や稼働率（99%以上）といった項目があげられます。また、データ管理について、バックアップの内容や回数、保存期間があげられます。さらに、セキュリティについては、アクセス制限や暗号化のレベルがあげられます。

このような事項を確認のうえ、ユーザー会社は、まさに自らが望んでいるサービスが提供されるのかどうか、クラウドのサービス事業者がそのサービスについて契約上の義務を負ってくれるのか、という点を確認するべきです。

(2) クラウドのサービス事業者の責任制限

この点も、クラウド利用契約において重要な事項です。たとえば、クラウドを利用していたところ、クラウドのサービス事業者のミスにより情報が流出したような場合、ユーザー会社はクラウドのサービス事業者に対して責任を追及することになるでしょう。その際に、一定の制限をかける趣旨で、このような条項が入っています。具体的には、損害賠償額について、クラウドのサービス事業者に支払った額の１年分、あるいは具体的な金額で上限を設けることもあります。もっとも、人身損害や知的財産権の侵害に伴う損害などについては、このような責任制限が及ばない、すなわち上限なく責任を負う、としているクラウド利用契約もあるようです。

このようなクラウドのサービス事業者の責任制限は、問題が生じたときに、クラウドのサービス事業者として無尽蔵に責任を負うリスクを制限しておきたい、という意図に出たもので、クラウドのサービス事業者として重要な規定です。一方で、責任を制限することが不当な一定の例外についての規定を認める、ということでバランスをとっているものと考えられます。

いずれにせよ、ユーザー会社としては、まずはクラウドのサービス事業者がどのような責任を負うのか、上限とその例外とともにしっかりと把握しておくことが必要でしょう。

なお、クラウド利用契約上の責任制限の規定や免責規定については、レンタルサーバー業者についての判例が参考になると考えます。この点は、第３章「３　事故があったら、クラウドのサービス事業者にどのような責任が発生しますか」にて検討しましたので、ここでは割愛します。

(3) 情報セキュリティ、秘密保持、プライバシー

この点は、SLA、あるいは別の文書で定められていることもありますが、適切なセキュリティ水準を確保するべく（それが結局、秘密保持やプライバシーの保護にもつながります）、内容を確認しておく必要があります。また、事前にセキュリティ水準などの内容を確認し、規定しておくだけでなく、この点について何らかの問題が生じたときに、事後的にどのような対応をするのか、という点についても定めておいたほうがよいでしょう。

(4) 再委託

再委託の点については、ユーザー会社側としては、懸念を持つ事項の一つでしょう。たとえば、クラウドのサービス事業者での情報管理体制が万全であっても、再委託先がそうでなければ、あるいは情報セキュリティのリスクが高まるおそれもあります。

この点については、ユーザー会社側としては、再委託先について事前承諾を必要とする、あるいはクラウドのサービス事業者と同様の義務を再委託先が負うよう義務づけるといった規定を設けることが考えられます。

(5) サービス停止時の対応

クラウドの利用を開始する前からサービス停止の場合を心配する、という気にはなかなかなれないかもしれませんが、このような場合にも、契約書上は備えておくべきです。もちろん、そうならないに越したことはないのですが、サービス停止の場合は、緊急事態ですので、それなりのルールが決まっていないと、完全にパニックに陥ってしまうことすらありえます。

まず、一時的なサービス停止にどう対応するのか、それに備えたバックアップの体制がどう整っているのか、といったことを規定するべきです。また、サービス停止が長期間に及ぶとき、どのように対応するのか、たとえばどのようにデータを移管するのか、という点も考えておかなければなりません。クラウドの場合、日常業務で利用しているインフラの一部となっていることもありますので、クラウド利用契約を解除すればすむ、という話でもありません。解除権は持っておくとしても、それ以上に、もしものときにどのように日常業務に支障がないようにするか、については想定しておく必要があります。たとえば、クラウドのサービス事業者にサービスの移管への協力を義務づけたりすることが考えられます。

もっとも、この点は、クラウドのサービス事業者との契約内容にとどまる話ではなく、ユーザー会社の側で、独自に対応策を検討しておく必要もあります。

⑹ 契約終了時のデータの取扱い

これまたクラウドの利用を開始する前から契約終了の場合を心配する、という気にはなかなかなれないかもしれませんが、このような場合においても、契約書上は備えておくべきです。

この点、まずは、データの移管が最も大切でしょう。

次に、クラウドのサービス事業者が、バックアップなどからもユーザー会社から委託されて保管していたデータを削除する必要があります。そうでなければ、クラウドサービス利用契約が終了した後も、半永久的に情報流出のリスクをお互いに負うことになるのです。

⑺ 準 拠 法

第６章の「２　管轄や準拠法の問題」において説明しましたが、クラウドのサービス事業者との間の契約では、準拠法については、特に注意しておく必要があります。この点、米国大手系においても、日本法を準拠法としている場合と米国の特定の州法を準拠法としている場合があるようです。日本法を準拠法としている場合は、もちろん、日本法のもとで、サービス事業者との契約内容を検討し、リスク判断ができますので、クラウドを導入・利用する事業者としては、安心感があるかもしれません。一方、サービス事業者としても、そのような安心感をユーザー会社に与えるために、日本法を準拠法とし、営業を推進しよう、という意図があるでしょう。

(8) 管　　轄

これも第6章の「2　管轄や準拠法の問題」において説明しましたが、管轄の規定についても、準拠法同様、特に注意しておく必要があります。特に、米国内に管轄がある場合、ディスカバリー制度や陪審員制など、日本の民事訴訟にはない制度があり、これらの負担は大変重たいものがありますので、注意が必要です。

この点、米国大手系のクラウドのサービス事業者においても、日本国内に管轄を定めている場合、米国内に管轄を定めている場合、いわゆる被告地主義としている場合がそれぞれあるようです。

これも準拠法の場合と同様、日本国内を管轄としている場合は、もちろん、クラウドを導入・利用する事業者としては、自分の本拠地で最終的に解決ができる、という安心感があるかもしれません。一方、クラウドのサービス事業者としても、そのような安心感をユーザー会社に与えるために、日本国内に管轄を定め、営業を推進しよう、という意図があるでしょう。

一方、米国内に管轄を定めている場合は、このような安心感はありません。このような場合は、クラウドのサービス事業者としては、自らの本拠地で裁判をしたい、という意図があると考えられます。

(9) その他

その他、ユーザー会社で懸念される事項があれば、契約締結交渉のときに確認し、可能であれば、クラウドサービス利用契約に盛り込んでおくべきです。たとえば、米国愛国者法が懸念される、ということであれば、この点についての説明をまずはクラウドのサービス事業者に求めることになります。場合によっては、米国にあるデータセンターは使わないようリクエストすることもできるかもしれません。

(10) 参考となる資料等

以上の点については、以下の経済産業省のウェブサイトもご参照ください。

a　SaaS向けSLAガイドライン

http://www.meti.go.jp/press/20080121004/20080121004.html

b　産業構造・市場取引の可視化

特に、「情報システムの信頼性向上のための取引慣行・契約に関する研究会～情報システム・モデル取引・契約書～（パッケージ、SaaS／ASP活用、保守・運用）<追補版>」。

http://www.meti.go.jp/policy/it_policy/softseibi/index.html#05

第9章 クラウドのサービス事業者のリスクや責任

本章では、クラウドのサービス事業者の視点に立って、そのリスクと発生しうる責任を検討します。

これまでの章では、クラウドサービスを利用する側としてのリスクや社内外での必要な手続などについて考えてきました。特に、第３章から第７章では、クラウドサービスを利用する側として考えられるリスクについて、かなり紙面を割いています（もちろんそれだけではありませんでしたが）。そのうえで、第８章では、クラウドを導入するにあたっての利用する事業者とクラウドのサービス事業者との間の契約について、なるべく客観的に検討してみました。

本章では、視点を変えて、クラウドのサービス事業者の視点から、どのようなリスクがあるのか、あるいはどのような責任が発生しうるのか、というところを考えてみましょう。なお、情報セキュリティに対するサービス事業者の責任など、この点についてすでに検討したところは、該当する箇所を指摘するにとどめます。

1 クラウドのサービス事業者に対する規制

クラウドのサービス事業者に対する規制としては、電気通信事業法、個人情報保護法に基づくものが考えられます。

(1) 電気通信事業法

a 登録または届出の必要性

クラウドのサービス事業者においては、電気通信事業法上の「電気通信事業者」に該当する可能性があります。

電気通信事業法２条５号では、電気通信事業者は、

「**電気通信事業**を営むことについて、第９条の登録を受けた者及び第16条第１項の規定による届出をした者をいう」

（太字は筆者による。以下同様）と定義されていますが、その「電気通信事業」は同法２条４号で一定の例外はあげられているものの、基本的には、

「**電気通信役務**を他人の需要に応ずるために提供する事業」

とされています。この「電気通信役務」は、同法２条３号で、

「**電気通信設備**を用いて他人の通信を媒介し、その他電気通信設備を他人の通信の用に供することをいう」

とされており、さらに、「電気通信設備」とは、同法２条２号で、

「電気通信を行うための機械、器具、線路その他の電気的設備をいう」

とされています。電気通信を行うための機械、器具、線路その他の電気的設備には、クラウドのサービス事業者が保有するサーバーなども含まれるでしょう。かかる設備を用いて媒介などをする「他人の通信」として、典型例は電話ですが、電子メールの送受信やさまざまなコミュニケーションツール（チャットやツイッター）も含まれます。そしてそれを営利事業として行っていれば、電子通信事業を**営む**、ということになるのです。

したがって、クラウドのサービス事業者のなかで、典型的には、クラウドで電子メールサービスを提供している場合が電気通信事業を営む、ということになりますし、そうでなくても、コミュニケーションツールとして利用されるようなサービスを提供している場合は、該当すると考えておいたほうがよいでしょう。一方、単にネット上で業務管理用のソフトウェアを提供し、そこでコミュニケーションが行われないようなときはこれに該当しない、と考えられます。

この場合、電気通信事業者として、総務大臣の登録（電気通信事業法９条）を取得する必要がありますが、総務省令で定める基準を超えない場合は届出で足ります（同法16条）。この総務省令（電気通信事業法施行規則３条１項）の内容は、以下のと

おりです。

> 一　端末系伝送路設備（端末設備又は自営電気通信設備と接続される伝送路設備をいう。以下同じ。）の設置の区域が一の市町村（特別区を含む。）の区域（地方自治法（昭和22年法律第67号）第252条の19第1項の指定都市（次項において単に「指定都市」という。）にあつてはその区の区域）を超えないこと。
>
> 二　中継系伝送路設備（端末系伝送路設備以外の伝送路設備をいう。以下同じ。）の設置の区間が一の都道府県の区域を超えないこと。

このように、設備が限定的な行政区画にとどまる場合は、届出で足りる、ということになります。

クラウドのサービス事業者には、もともと電気通信事業者としての登録または届出を行っているところも多いと思われますが、新しくクラウドに関するビジネスを始める際は、自社のサービスが電気通信事業に該当するのか検討し、必要な場合には、登録または届出をする、ということを忘れないようにしなければなりません。

b　電気通信事業者としての責務

電気通信事業を営むこととなると、電気通信事業法上の規制が及び、主務官庁は総務省、ということになります。ここでは、詳細には検討しませんが、以下の点には特に気をつけておきたいところです。

まず、未登録あるいは未届出の事業者については、罰則の定めがあります（電気通信事業法177条、185条）。

また、検閲が禁止され、通信の秘密を侵すことも禁止されています（電気通信事業法３条、４条）。後者については、罰則も定められています（同法179条）。この、通信の秘密を侵す、ということについては、「そんなことはしないだろう」とお思いになるかもしれません。もちろん、何もないのにあえて漏えいしよう、ということはないでしょう。しかしながら、たとえば、裁判の証拠として一定の秘密情報を必要とする場合、われわれ弁護士は、弁護士照会をかけて、その証拠を取得しようとします。その他、情報提供を求められる場合が多々あるでしょう。これに対し、サービス事業者は、通信の秘密を侵すリスクをとって情報提供をしていいのか、というようなことを悩むのです。この点については、本章末尾の「コラム⑦　クラウドのサービス事業者が情報提供を求められる場合」でもう少し具体的に検討しましたので、そちらをご参照ください。

(2)　個人情報保護法

個人情報保護法も、一種の規制ですが、これについては第４章「３　クラウドのサービス事業者と個人情報保護法」で検討しましたので、ここでは割愛しますが、この点もクラウドのサービス事業者は念頭に置いておかなければなりません。

(3) 建築関係

データセンターを設置する場合は、消防法や建築基準法上の規制も考慮しなければなりません。この点について、コンテナ型データセンターについて、従来から建築基準法および消防法の規制が及ぶかどうかはグレーでしたが、以下のように行政より一定の手当がなされています。

a 建築基準法

コンテナ型データセンターが建築基準法上の「建築物」に該当すると、建築基準法上のさまざまな規制が及びます。この点については、平成23年３月25日付の国土交通省住宅局建築指導課長の通達（国住指第4933号）により以下のように確認されました。

> 土地に自立して設置するコンテナ型データセンタのうち、サーバ機器本体その他のデータサーバとしての機能を果たすため必要となる設備及び空調の風道その他のデータサーバとしての機能を果たすため必要となる最小限の空間のみを内部に有し、稼働時は無人で、機器の重大な障害発生時等を除いて内部に人が立ち入らないものについては、法第２条第１号に規定する貯蔵槽その他これらに類する施設として、建築物に該当しないものとする。
>
> ただし、複数積み重ねる場合にあっては、貯蔵槽その他これらに類する施設ではなく、建築物に該当するものとし

て取り扱うこととする。

要は、空調の設備や、内部に通常は人が立ち入らないなどの一定の条件を満たした場合は、建築基準法の規制が及ばないことを明らかにしたのです。このような条件を有するコンテナ型データセンターは、「建築物」に該当しないこととなり、建築基準法上のさまざまな規制が及ばないこととなるため、建築が容易になるのです。

b 消防法

消防法に関していえば、消防法17条１項の防火対象物に当たり、消防用の設備を設けなければならないかどうかが問題となりますが、この点については、「データセンター集積プロジェクト」に関して青森県から総務省へ以下の提案がなされています。

「求める措置の具体的内容：

特区地域内に立地するコンテナ型データセンターに限っては、消火設備は自主設置扱いとする。

具体的事業の実施内容・提案理由：

コンテナ型データセンターは、コスト抑えられることが大きな優位性となっており、海外企業を中心に採用されている。

これを国内に設置する場合は、消防法上の「防火対象物」に該当し、消防設備等の設置が義務づけられ、これによりコストが増大してしまい、データセンター立地の大きな障害となる。

よって、コンテナ型データセンターについては、手続きを簡素化して自主設置扱いとすれば、コンテナ型データセンターの立地促進・集積を実現できると考えられる。」

これに対して、総務省が以下の回答をしています。

「コンテナが随時かつ任意に移動できない状態にあり、建築物として扱われる場合には、消防法上の防火対象物となり、防火対象物の規模、構造等に応じ、消防用設備等を設置しなければならない（例えば、一般の事務所等の場合、延べ面積300㎡以上で消火器具の設置が必要など）。

ただし、消防用設備等の設置単位は棟ごとを原則としているため、いわゆるコンテナ型データセンターについて、各コンテナが構造的に独立しており、かつ、その床面積が30㎡程度である場合には、消防用設備等の設置対象に該当しないことが一般的であると考えられる。

なお、複数のコンテナがダクトを用いて配線接続されているような場合であっても、各コンテナが構造的に独立しているのであれば、消防用設備等の設置単位はコンテナごとになることが一般的であると考えられる。」

このように、総務省の回答によれば、床面積が30平方メートル程度であるコンテナについては、消防用設備等の設置対象に該当しない、としており、かつ複数のコンテナがあっても構造的に独立していれば、上記の床面積は各コンテナごとの床面積で判断する、という見解を示しています。これにより、消火設備等の設置は自主的に行うこととなり、コンテナ型データセンター設置の手続が容易になり、コストの削減にもつながるものです。

以上は、首相官邸の以下のウェブサイトに載っています。
http://www.kantei.go.jp/jp/singi/kouzou2/kentou/100729/index.html

2 クラウドサービスの利用者に対する責任

クラウドサービスの利用者に対しては、利用契約上の義務を負います。また、情報セキュリティ事故の際は、クラウドサービスの利用者から損害賠償請求を受けるリスクが高いといわざるをえません。

(1) 利用契約上の義務

まず、クラウドのサービス事業者が、クラウドサービスの利用者に対して、利用契約上の義務を負うことはいうまでもありません。この利用契約の内容については、第８章で検討したとおりです。特に注意が必要なのは、免責規定を入れておけば安心、というわけではなさそうだ、という点です。この点は、第３章の３「(2)クラウドについてはどのように考えられるでしょうか」で考えてみましたが、３「(1)レンタルサーバーの事業者についての判例」で検討した判例では、免責規定について、限定的に解釈したものもあり、そのようなリスクは払拭できないところです。

⑵　情報セキュリティ事故

情報セキュリティ事故の際のクラウドサービスの利用者に対する法的な責任については、第３章「３　事故があったら、クラウドのサービス事業者にどのような責任が発生しますか」において検討したとおり、情報データの保管義務を負いますので、それに基づいて損害賠償請求がなされる可能性があります。

3 第三者に対する責任

クラウドのサービス事業者が第三者に対して損害賠償責任などを負うことがありえますが、プロバイダー責任制限法の適用を受ける可能性もあります。その場合、損害賠償の制限も受けられます。

(1) 情報セキュリティ事故

情報セキュリティ事故の際の第三者に対する法的な責任については、第３章「３　事故があったら、クラウドのサービス事業者にどのような責任が発生しますか」において検討したとおりです。直接契約当事者となるクラウドサービスの利用者に対する場合と比較すれば、第三者に対して責任を負う可能性は一般的には低いといえます。ただし、これも事案によりけりでしょう。

(2) クラウドのサービス利用に際しての著作権侵害、名誉毀損やプライバシー侵害

クラウドサービスに関しての著作権侵害の可能性については、第７章「１　著作権の問題」で述べたとおりです。

また、クラウド上のサービスを利用したウェブサイト、電子掲示板などで、商標権侵害、名誉毀損、プライバシー侵害などがなされることもありえます。もちろん、このような場合には、名誉毀損に該当するような書込みを行った者など、そのような行為を直接行った者が責任を負うべきです。しかしながら、インターネットの匿名性から、その特定が困難なことも多く、実際には、インターネットサービスプロバイダー（ISP）に請求がなされることが多いようです。

ISPとクラウドのサービス事業者は同義ではありませんし、このようなケースの被害者にとって、ISPはすぐにわかると思われますが、クラウドのサービス事業者は、そうでないケースのほうが多いかもしれません（たとえば、ストレージなどのインフラを提供しているだけの場合には、なかなかわからないでしょう）。しかしながら、提供するサービスの種類や内容によっては、被害者からもクラウドのサービス事業者が特定可能な場合もありうるでしょうし、クラウドのサービス事業者として、対応が要求されるケースもありえます。

ここでは、ひとつひとつについて設例をあげて詳細に検討することはしませんが、次の(3)では、いわゆるプロバイダー責任制限法により、クラウドのサービス事業者が責任を負う場合が限定されるのではないか、という点について、検討してみます。

(3) プロバイダー責任制限法

a プロバイダー責任制限法とはどのような法律ですか

プロバイダー責任制限法とは、「特定電気通信役務提供者の損害賠償責任の制限及び発信者情報の開示に関する法律」の通称です。ここで、その趣旨について、第1条をみてみましょう。

> **第1条** この法律は、特定電気通信による情報の流通によって権利の侵害があった場合について、特定電気通信役務提供者の損害賠償責任の制限及び発信者情報の開示を請求する権利につき定めるものとする。

ちょっとわかりにくいかもしれませんが、要は、インターネットのウェブサイトや電子掲示板上で著作権侵害、プライバシー侵害などの権利侵害があった場合について、①ISPなどの「特定電気通信役務提供者」の損害賠償責任の制限と②被害者からの発信者情報の開示を請求する権利について定めた法律、ということです。

このようなことを定めて、責任の範囲を明確にし、発信者情報開示の手続も定め、ISPなどによる自主的対応を促し、その実効性を高める環境を整備しようとしたのが、プロバイダー責任制限法です。

b　クラウドのサービス事業者にプロバイダー責任制限法の適用はありますか

プロバイダー責任制限法の適用がある特定電気通信役務提供者については、同法３条の定めるところにより、その損害賠償責任が制限されます。ここで、問題となるのは、クラウドのサービス事業者にもプロバイダー責任制限法の適用があるかどうかです。

プロバイダー責任制限法により損害賠償責任が制限されるのは、特定電気通信役務提供者です。この定義は同法２条３号で、

「**特定電気通信設備**を用いて他人の通信を媒介し、その他特定電気通信設備を他人の通信の用に供する者をいう」

と定義されており（太字は筆者による。以下同様）、この「特定電気通信設備」とは、同法２条２号で、

「**特定電気通信**の用に供される電気通信設備（電気通信事業法第２条第２号に規定する電気通信設備をいう。）をいう」

と定義されています。さらに、「特定電気通信」とは、同法２条１号で、

「**不特定の者**によって受信されることを目的とする電気通信（電気通信事業法（昭和59年法律第86号）第２条第１号に規定する電気通信をいう。以下この号において同じ。）の送信（公衆によって直接受信されることを目的とする電気通信の送信を除く。）をいう」

と定義されており、特定の者によって受信される電子メールな

どは除かれます。

これらのうち、「電気通信設備」については、本章1(1)の「電気通信事業法」にて、すでに説明しましたが、サーバーなどが該当することとなります。そして、「他人の通信を媒介し、その他特定電気通信設備を他人の通信の用に供する」かですが、上記の「特定電気通信」の用に供されるので、クラウドでのメールサービスは除かれますが、電子掲示板その他不特定多数の者がみるコミュニケーションツールは含まれることになります。

以上を検討したうえで、クラウドのサービス事業者が特定電気通信役務提供者に該当すれば、プロバイダー責任制限法３条による損害賠償の制限を受けられます。そして該当するかどうかは、上記のように、その提供するサービスの内容次第、ということになります。

c　損害賠償の制限の内容

(a)　プロバイダー責任制限法３条１項

まず、通常の不法行為による損害賠償請求の場合は、プロバイダー責任制限法３条１項に定められています。ここでは、特定電気通信による情報の流通により他人の権利が侵害され、損害が発生したときでも、特定電気通信役務提供者、すなわちISPやクラウドのサービス事業者は、以下の場合を除いて、責任を負わないこととなっています。

①「権利を侵害した情報の不特定の者に対する送信を防止する措置を講ずることが技術的に可能な場合」であって、

②－１　この特定電気通信役務提供者が「当該特定電気通信による情報の流通によって他人の権利が侵害されていることを知っていたとき。」

または

②－２　この特定電気通信役務提供者が「当該特定電気通信による情報の流通を知っていた場合であって、当該特定電気通信による情報の流通によって他人の権利が侵害されていることを知ることができたと認めるに足りる相当の理由があるとき。」

要は、特定電気通信役務提供者に該当するISPやクラウドのサービス事業者は、①技術的に送信の防止が不可能な場合は免責されますし、そうでなくても、②－１情報の流通について知らなかった場合や、②－２情報の流通自体については知っていたとしても、権利侵害についてまでは知らず、かつ知ることができたと認めるに足りる相当の理由がなかった場合は、免責されるのです。

この点、クラウドのサービス事業者の場合、いちいち自らのサービスが利用されているウェブサイトや電子掲示板をチェックしている場合はあまりないと考えられますので、このような権利侵害、あるいは情報流通について知らなかった、といえる場合が多いのではないかと考えます。

(b)　プロバイダー責任制限法３条２項

プロバイダー責任制限法３条２項は、特定電気通信役務提供者が、被害者の求めに応じて、送信防止措置をとった場合につ

いて、一定の場合に免責されることを規定しています。すなわち、

① 送信防止措置が権利侵害を防ぐために「必要な限度において行われたものである場合」であって、

②－１ かかる「情報の流通によって他人の権利が不当に侵害されていると信じるに足りる相当の理由があったとき。」

または

②－２ 「情報の流通によって自己の権利を侵害されたとする者から、当該権利を侵害したとする情報（以下「侵害情報」という。）、侵害されたとする権利及び権利が侵害されたとする理由（以下この号において「侵害情報等」という。）を示して当該特定電気通信役務提供者に対し侵害情報の送信を防止する措置（以下この号において「送信防止措置」という。）を講ずるよう申出があった場合に、当該特定電気通信役務提供者が、当該侵害情報の発信者に対し当該侵害情報等を示して当該送信防止措置を講ずることに同意するかどうかを照会した場合において、当該発信者が当該照会を受けた日から７日を経過しても当該発信者から当該送信防止措置を講ずることに同意しない旨の申出がなかったとき」

には免責されることが定められています。

②－２は長いですが、送信防止措置をとって問題がない手続が定められているのです。

同法３条２項により、特定電気通信役務提供者であるISPやクラウドのサービス事業者は送信防止措置をとる基準が明確に

なっています。

なお、同法3条1項ただし書に特定電気通信役務提供者が発信者である場合は、この限りでない、として責任制限がないことを定めています。特定電気通信役務提供者が公衆送信権侵害の主体となるかどうか、という著作権侵害の主体の問題と（第7章をご参照ください）、特定電気通信役務提供者が発信者に該当するかどうか、という問題は、完全に同一の論点ではなく、それぞれの法（著作権法とプロバイダー責任制限法）の目的に沿って解釈されるので、同一に解釈しなければならない、というものではありません。ただ、かなりの部分でオーバーラップすると考えられます。この点、動画投稿・共有サービスを提供していた事業者に対する著作権侵害に基づく差止め・損害賠償が請求された訴訟において、いわゆるカラオケ法理に基づいてかかる事業者による公衆送信権侵害が認められると同時に、かかる事業者がプロバイダー責任制限法3条1項ただし書の「発信者」にも該当する（したがって、責任制限がない）、とした判例がありますが、両方の論点で同じような事情に基づいて同じように判断をしており、参考になります（東京地判平21・11・13、判例時報2076号93頁）。

d　発信者情報の開示請求等

プロバイダー責任制限法4条は、発信者情報の開示請求などについて定めています。この規定は、プライバシー権侵害などの被害者よりISPなどの特定電気通信役務提供者に対して発信者情報の開示請求がなされた場合について定めています。インターネット上の権利侵害では、被害者が損害賠償請求などをしたくても、その情報の発信者が容易に特定できないことが多いことから、発信者情報の開示請求をISPなどにすることがあります。その際の基準や手続について定めた規定です。

この開示請求は、①情報流通による権利侵害が明らかであり、②かつ情報開示を請求するものに正当な理由（訴訟の準備など）があるときは、認められることとなります（同法４条１項）。手続的には、特定電気通信役務提供者は、発信者に意見を聞かなくてはならない点に注意が必要です（同法４条２項）。

クラウドのサービス事業者においても、このような被害者からかかる情報開示の請求が来る可能性があります。その際、プロバイダー責任制限法４条および関連する省令などを検討のうえ、応じるかどうか決めるべきこととなります。

e　まとめ

以上、本節では、プロバイダー責任制限法について概観してみました。

実は、クラウドに関連させてプロバイダー責任制限法を論じた文献を筆者はみたことがありませんでした。そのような意味では、本節は、野心的な取組みであったと少し自負しています。

クラウドのサービス事業者としては、プロバイダー責任制限法の適用により損害賠償責任の制限を受けられる、あるいは責任にしても情報開示にしても基準がより明確になる、ということは基本的にはよいことです。もちろん、クラウドのサービス事業者のすべてにプロバイダー責任制限法の適用があるわけではないと考えますが、クラウドのサービス事業者が提供しているサービスに関連してウェブサイト上などでの権利侵害について損害賠償がなされた場合、あるいは発信者の情報開示請求がなされた際は、プロバイダー責任制限法の適用について、ぜひご検討ください。

COLUMN　COLUMN

コラム⑦

クラウドのサービス事業者が情報提供を求められる場合

第９章では、クラウドのサービス事業者の視点から、そのリスクや責任について考えてみました。これに加えて、実際の業務では、クラウドのサービス事業者は裁判手続などには巻き込まれていないものの、重要な電子データを保有している、といったことから、情報提供のリクエストが来ることも多いでしょう。このコラムでは、このようなリクエストがなされる典型的な場面について、ちょっとみてみましょう。

1　刑事手続

クラウドのサービス事業者は、大量の情報を管理することが多いでしょう。その場合、刑事事件において重要な情報が含まれている可能性もあり、刑事手続において、捜査段階で協力を求められることはしばしばあるでしょう。

捜査には、大きく分けて任意捜査と強制捜査があります。警察や検察に任意に協力を求められる任意捜査では、情報を提供する義務はありません。一方、捜索差押令状などが発令されている強制捜査の場合は、出したくなくても強制的に情報を持っていかれます。もっとも、第三者たる電気通信事業者に対する捜査に関係する情報と関係しない情報が混在する顧客管理データの捜索差押えについて、厳格に関連性をみて、差押処分を取り消した判例もあります（東京地判平10・２・27、判例時報1637号152頁）。一般的には、通信事業者たるクラウドのサービス事業者に対する強制捜査は謙抑的になされるでしょう。また、電子データを何か目にみえるかたちにする必要が通常はあるでしょうから、クラウドのサービス事業者に現場で協力を要請したり、検証を組み合わせることもあるでしょう。

2　発信者情報開示

この点は、本文の第９章３(3)ｄで説明しましたが、権利侵害の被害者からこのような開示請求がなされることがあります。この場合は、プロバイダー責任制限法４条に従って情報開示するかしないかを判断すべきです。

3　弁護士照会

弁護士法23条の２に基づくもので、弁護士会を通じて、資料提出等の照会をするものです。このような照会が来た場合、回答義務があるものと解されてはいますが、それを強制する方法はありません。弁護士会照会を受けた場合、クラウドのサービス事業者としては、電気通信事業者としての「通信の秘密」を保持すべき義務と照会に応ずべき義務の相克に悩むこととなるのです。

4　文書送付の嘱託、検証、鑑定

民事訴訟法226条の規定に基づき、民事裁判において、クラウドのサービス事業者に対して、その保有する文書送付の嘱託がなされることもありえます。この場合、記録媒体（DVDなど）は準文書として扱われ（同法231条）、同様に文書送付の嘱託の対象となりますが、サーバー全体を準文書として扱うのは若干無理があります。この場合、なお、クラウドのサービス事業者が保管しているデータが証拠として必要、ということになれば、検証や鑑定（同法232条、233条）、という手続によって、技術者の助けを借りて、その場でデータにアクセスし、記録を残す、ということになるでしょう。

以上のような請求などを受けた場合、クラウドのサービス事業者としては、判断に困る場面も多いかと思います。この場合、その請求などに応じるべきかは、ケースバイケースの判断が要されるところですが、経営責任すら発生しかねない状況があることも予想されます。このような場合には、弁護士に相談することを強くお勧めします。

第10章 大震災とクラウド

1 有用性の再確認

大震災による混乱のなか、震災時の情報提供や復興への動きにクラウドが活用され、その価値・有用性が再確認されました。

まず、はじめに、このたびの東日本大震災とこれに伴う諸事象により被災されたまたは影響を受けられた皆様に、あらためて、心よりお見舞い申し上げます。

このような未曾有の大震災による混乱のなか、クラウドの価値・有用性が再認識されました。

具体的には、以下のような点があげられます。

(1) 情報提供など

クラウドのシステム構築の迅速性、アクセス集中時の高い処理能力という長所を活かし、大震災後の情報提供においてクラウドが重要な役割を果たしました。このような事態のなかで、大震災関係の情報へのアクセスが集中しましたが、いわゆるミラーサイトを即座に開設するなど、クラウド特有の利便性が活かされ、情報発信機能が維持されました。また、ネット環境さえあればどこからでも被災地情報がわかるようなシステムの構築も素早くなされ、情報の提供、集約におおいに役立ちました。たとえば、災害情報集約プラットホームの「sinsai.info」は、大震災後4時間で立ち上がり、その後もアクセスの集中に対応しながら、被災地情報の提供・集約に大きく寄与しています。

(2) システムの再構築

また、クラウドは、失われたシステムの迅速な再構築にも役立っています。津波でサーバーごとなくなってしまった、といったケースもかなりあったようですが、クラウドであれば、新しいサーバーがなくとも、システムの迅速な再構築が可能だったのです。

(3) サービスの無償提供

さらに、クラウドの大手サービスプロバイダーより被災地や被災地支援団体に対して無償でサービスが提供される、ということもありました。また、多数のクラウドのサービス事業者が、一定期間そのサービスを無償で提供しました。たとえば、このような状況での勤務システムへのサポートとして、在宅勤務支援サービス、ウェブ会議システム、避難所運営支援システムなどがあげられます。

2 導入の動きの加速

大震災以降、クラウド導入の動きが加速しており、今後しばらくその傾向が続くものと予想されます。

前節1ですでに述べたとおり、大震災以降、クラウドの価値・有用性が再確認されています。大震災から多少時間が経過した段階では、今度は、危機管理やいわゆるBCP（Business Continuity Plan：事業継続計画）上、データのバックアップを遠隔地にとっておくことが必要である、という機運も高まりました。今後は、いろいろな地方にデータセンターが開設され、バックアップのサービスもクラウドを通じて提供されるケースが増えていくと考えられますし、すでにそのような動きもあります。また、福島第一・第二原子力発電所の事故、浜岡原子力発電所の停止の影響、原発政策の今後の不透明感から、停電への備えも必要です。今後は、首都圏以外の場所、さらには三大都市圏でない場所にデータセンターを移す、あるいはバックアップをとる、という動きが加速していくものと思われます。

さらに、もともといわれていたことでもありますが、クラウドの導入は電力消費の節減にも有効であることが再度認識されています。原発政策の今後が不透明ななか、IT関係の消費電力を節減することは非常に重要ですので、この点も強調されてしかるべきです。

以上のように、大震災以降、クラウド導入の動きが加速しており、今後しばらくその傾向が続くものと予想されます。調査会社のIDCジャパンも、平成27年のクラウドサービスの国内市場規模を震災前の予想から610億円上積みし、平成22年の5.6倍に当たる2557億円と算定しています。

COLUMN COLUMN

コラム⑧

医療とクラウド

クラウドのサービス事業者は、クラウドを医療に活用するサービスを始めています。これには、医療情報を複数の医療機関で共有できるようなネットワークの構築、医療機関外でのデータの保存、といったものがあります。

東日本大震災を機に、医療機関同士の連携の必要性やデータ消失への対処の必要性が強く意識されていますので、このようなサービスを低コストで導入できる医療クラウドの普及が促進されると予想されています。JCC（ジャパン・クラウド・コンソーシアム）にも、健康・医療クラウドWG（ワーキング・グループ）があり、健康・医療産業へのクラウドの利用、さらには新市場の創出などが目標とされています。このような動きは、まだまだ始まったばかりではありますが、今後の動きが非常に注目されるところです。

一方で、医療においては、その管理している情報の性質から、個人情報保護、プライバシー保護の必要性が特に強いことはいうまでもありません。もちろん、医師は秘密保持義務を負っています。したがって、このような診療情報の共有化などにおいては、個人情報保護法、あるいはプライバシー保護とのバランスを慎重にとっていく必要がありますし、情報セキュリティに細心の注意が必要です。もっとも、これらの負担を考慮したとしても、医療にクラウドを利用していくことのメリットは大変大きいものがありますので、今後ますますの普及促進が望まれるところです。

実は、「クラウド」という言葉が流行するずっと以前から、医療のIT化を推進すべき、という意見はありました。これは、米国では医療のIT化は情報共有の部分も含めてかなり進んでおり、それを参考にしての意見でしょう。これについては、IT技術を医療に活用して、コストを削減する、というメリットのほか、医療情報へのアクセスを高め、診療情報を共有することにより医療自体を効率化し、質も高める、というメリットが期待されてきました。具体的には、医療情報を共有し、患者の過去の診療情報について、自分の病院以外での診療歴などにもアクセスできれば、医療自体が効率化すると考えられます。また、病気によっては、一つの病院、あるいは限られた地域では、患者の数が少ない場合もあるでしょう（難病である場合も多いでしょう）。このような場合に、情報を共有することにより、その病気に対する知見が深まり、医療技術の向上が見込めるのです。これにより、国民への医療サービスの充実のほか、「医療」という産業の国際競争力を高めることにも資するのです。

医療の現場におけるクラウドの活用、あるいは医療機関向けのクラウドサービスの普及促進は、このような医療のIT化の発想をまさに実現するもので、医療のIT化の一つのトレンドといえるでしょう。

第11章 クラウドの推進へ向かって

まとめです。

さて、最終章に来ました。ここまでの本書の感想はいかがでしょうか。耳慣れない用語、もしかするとまったくこれまで接したことのなかった外国法の問題もあったかと思います。クラウドは新しい分野ですが、いろいろなビジネスに横断的に関係するものです。同じように、法的にみても、さまざまな法分野に横断的に関連します。会社法だけ、著作権法だけ、というわけにはいかないのです。そのような意味では、いろいろと目先が変わり飽きない、と思われた方、さらには、そこでの議論を興味深くお読みくださった方が少しでもいらっしゃれば、筆者にとってはこのうえない喜びです。

少し脱線しましたが、ここでは、「クラウドの推進へ向かって」というタイトルをつけてみました。本書の第１章では、クラウドの歴史や背景、メリット・デメリットについて考えてみました。そのうえで、クラウドが普及してきている現状や積極的に普及を推進している政府の動きについてもみました。また、第10章では、東日本大震災以降、クラウドの価値・有用性が再確認され、普及の動きが加速していることをみました。このように、現状を見渡すと、クラウドがどんどん普及している状況がみえてきます。そして、このような状況はしばらく続くと予想されます。

ビジネス的にみて大きな可能性を秘めたものである、といった類のこと、技術的な説明は、他書にお任せし、本書では、主に法的な視点からクラウドについて考えてみました。その中心は、もちろん、リスクであったり法的な問題点であったりします。このようなリスクについては、実務の積上げが非常に少ないので、まだ予想がむずかしいところもあります。しかしながら、クラウドの危険性だけを強調する、というのは生産的ではありません。クラウドを導入し利用するにしても、クラウドのサービス事業者としてビジネスを行うにしても、そこに潜むリスクも十分に把握したうえで、その対策を練っておく、ということが現実的には大事なのではないかと考えます。

実際のところ、クラウドが100％安全だ、とはいえないでしょう。とすると、データ保存について考えてみると、現実的には、絶対に漏らしてはいけないノウハウなどは、クラウド上のサービスで保管するよりは、インターネット環境から切断されたコンピュータで管理したほうがよい、という判断もありえます。そのうえで、そこまでの秘密保持の要請のないものについて、クラウドの利用を考えていく、という考えもあるでしょう。また、その他のサービスについても同様で、リスクなどのデメリットと便宜性などのメリットとの兼ね合いで適宜判断していく、ということになろうかと思います。

COLUMN コラム⑨ COLUMN

スマートコミュニティー

スマートコミュニティーとは、

「ITを利用して家庭や工場、交通網などで使うエネルギー効率を高め、省資源化を徹底する地域社会」

のことをいいます。最近、スマートタウン、スマートシティなど、さまざまな類似語がありますが、ここでは、スマートコミュニティーと呼ぶことにします。下の図は、スマートコミュニティーのイメージ図です。

<クラウド技術を使う「スマートコミュニティー」のイメージ>

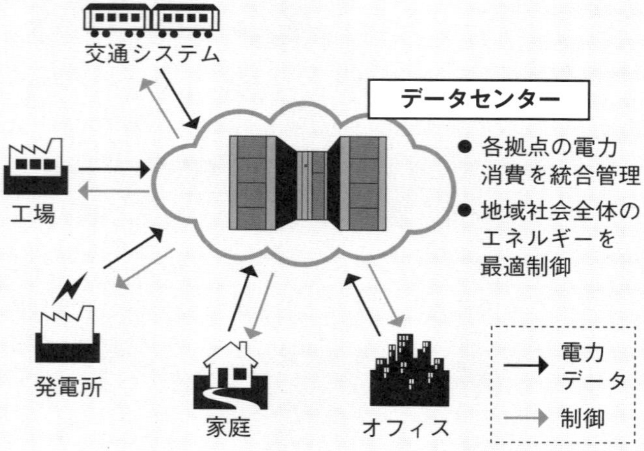

このように、従来送る側からの制御のみであった送電について、スマートメーターで双方向で管理することを可能にします。このような送電網をスマートグリッド（次世代送電網）といったりもします。

ここで核となるのはクラウドです。クラウドを利用して、このような情報の集約と管理をするのです。

このように、クラウドは、次世代の地域社会の技術上の核ともなりうるようなものなのです。

本書の最後のコラムにふさわしい、夢のふくらむ話ではないでしょうか。

著者略歴

近藤　　浩（こんどう　ひろし）

東京青山・青木・狛法律事務所 ベーカー&マッケンジー外国法事務弁護士事務所（外国法共同事業）M&Aグループ責任パートナー弁護士。
1981年中央大学法学部卒業、1991年にハーバード・ロースクールにて法学修士取得。
M&Aグループの責任者として、電気、金融、通信、保険、小売業界における国内外のM&A案件を多数手がけるほか、IT法分野にも精通。
『合併・買収の統合実務ハンドブック（2010）』『クロスボーダーM&Aの実務（2008）』（ともに共著・中央経済社）ほか著書・論文多数。

松本　　慶（まつもと　けい）

東京青山・青木・狛法律事務所 ベーカー&マッケンジー外国法事務弁護士事務所（外国法共同事業）知的財産権・情報通信、紛争手続、コーポレートグループ所属弁護士。
1999年東京大学法学部卒業、2001年第一東京弁護士会登録、2006年ノースウェスタン大学ロースクールにて法学修士取得、2007年ニューヨーク州弁護士会登録。
国内外における特許紛争案件等知的財産権にかかわる取引および紛争のほか、国内外のIT企業に関連する案件にも数多く従事している。

KINZAIバリュー叢書
クラウドと法

平成23年10月31日　第1刷発行

著　者　近　藤　　浩
　　　　松　本　　慶
発行者　倉　田　　勲
印刷所　図書印刷株式会社

〒160-8520　東京都新宿区南元町19
発　行　所　一般社団法人 金融財政事情研究会
　編 集 部　TEL 03(3355)2251　FAX 03(3357)7416
販　　　売　株式会社 き ん ざ い
　販売受付　TEL 03(3358)2891　FAX 03(3358)0037
　URL http://www.kinzai.jp/

ISBN978-4-322-11942-8